AF671429

Alexander Laatsch

Ordnung im Chaos

Grundlagen der Biochemie verstehen

für Studierende der Medizin und Naturwissenschaften

Der Inhalt dieses Buches wurde von mir mit großer Sorgfalt zusammengestellt und geprüft. Trotzdem sind Fehler oder Ungenauigkeiten nicht völlig auszuschließen. Das komplexe und sich ständig verändernde Wissen erfordert auf der einen Seite sinnvolle Vereinfachungen sowie thematische Beschränkungen und auf der anderen Seite einen eigenverantwortlichen und kritischen Umgang mit Inhalten; eine Haftung ist daher ausgeschlossen. Sollten Sie Fehler entdecken oder andere Kommentare oder Anregungen haben, freue ich mich über eine Nachricht an:
kontakt@AlexanderLaatsch.de

Bibliografische Information der Deutschen Nationalbibliothek
Die Deutsche Nationalbibliothek verzeichnet diese Publikation in der Deutschen Nationalbibliografie; detaillierte bibliografische Daten sind im Internet über http://dnb.d-nb.de abrufbar.

Alexander Laatsch
Ordnung im Chaos – Grundlagen der Biochemie verstehen
– für Studierende der Medizin und Naturwissenschaften
Norderstedt, Books on Demand GmbH, 2011
1. Auflage

ISBN: 978-3-842-34734-2

Illustrationen und Gestaltung: Alexander Laatsch
Herstellung und Verlag: Books on Demand GmbH, Norderstedt

Alle erwähnten Marken und Warenzeichen oder Produktnamen sind Eigentum ihrer jeweiligen Inhaber.

Dieses Werk einschließlich aller seiner Teile ist urheberrechtlich geschützt. Jede Verwertung außerhalb der engen Grenzen des Urheberrechtsgesetzes ist nur mit schriftlicher Zustimmung des Verlages und des Autors zulässig. Dies gilt insbesondere für Vervielfältigungen, Mikroverfilmungen und die Einspeicherung und Verarbeitung in elektronischen Systemen. Alle Rechte vorbehalten.

Inhalt

Vorwort

„Ordnung im Chaos", das ist das Leben selbst. Die kleinste Einheit des Lebens sind hochgeordnete Zellen, die sich auf faszinierende Weise inmitten umherwirbelnder Materie behaupten. Und nicht nur das. Die Materie in Zellen ist so angeordnet, dass das Leben sich aus verschiedensten Ausgangssubstanzen vervielfältigen kann.

Naturwissenschaftlich kann man Leben als eine Anordnung von Atomen auffassen, die physikalische und chemische Grundgesetze so geschickt ausnutzt, dass sie unbelebte Materie zu ebensolchem Leben ordnet. Über diese Selbstorganisation hinaus ist Leben in der Lage, sich weiterzuentwickeln und dadurch neue Herausforderungen zu meistern.

Die Biochemie versucht, dieses Phänomen zu verstehen, das zunächst gegen fundamentale Naturgesetze zu verstoßen scheint. Das seit Jahrzehnten rasant wachsende biochemische Faktenwissen führt bei erster Beschäftigung nicht selten zum Eindruck eines unüberblickbaren Haufens an Puzzleteilen. Das vorliegende Buch soll helfen, Ordnung in dieses Chaos zu bringen.

In meinen Seminarveranstaltungen erlebe ich regelmäßig, wie wichtig es für das Verständnis und den Spaß an der Biochemie ist, anhand ausgewählter Fakten zuerst Grundprinzipien zu erkennen. Die sich daraus ergebende Struktur lässt sich anschließend viel leichter und sinnvoller mit Detailwissen füllen und ausbauen. Die folgenden Kapitel sollen deshalb auf die Detailfülle der weit umfangreicheren Lehrbücher der Biochemie vorbereiten, indem Grundkonzepte und ausgewählte Details der Biochemie vorgestellt werden.

Wie man dieses Buch benutzen kann

Dieses Buch eignet sich insbesondere zur Lektüre nach oder parallel zu einer Biochemie-Vorlesung oder vor der Auseinandersetzung mit einem Lehrbuch der Biochemie. Wer möchte, kann beim Lesen ein Lehrbuch zu weiteren Details befragen, Hinweise zu relevanten Stichwörtern finden sich auf dem Seitenrand.

Jedem Kapitel ist ein gesucht/gefunden-Abschnitt vorangestellt, der den behandelten Inhalt vorstrukturiert. „Gesucht" beschreibt das zentrale Problem, dem das Kapitel gewidmet ist, unter „gefunden“ sind die biochemischen Konzepte aufgeführt, die sich im Laufe der Evolution als Lösung entwickelt haben.

Auch wenn man es zunächst nicht vermuten mag, ähneln die Prinzipien, nach denen biochemische Vorgänge organisiert sind, denen, die wir aus unserem täglichen Leben gewohnt sind. Wer also gedanklich in der Lage ist, seinen Alltag zu bewältigen, hat deshalb auch das notwendige Rüstzeug, um verstehen zu können, wie die Biochemie die Herausforderungen des Lebens meistert.

In den Kapiteln dieses Buches stehen zentrale Themen der Biochemie im Mittelpunkt, der Aufbau von Makromolekülen am Beispiel von Nukleinsäuren und Proteinen, die Kodierung und Weitergabe von Information sowie die Eigenschaften enzymatischer Reaktionen. Diese Grundlagen decken bereits einen relevanten Bereich der Biochemie ab. Dem darauf aufbauenden, großen Gebiet des Stoffwechsels und seiner Regulation soll ein weiterer Band gewidmet werden.

Die Biochemie ist ein ideales Feld, um sich mit den Mechanismen des Lebens zu beschäftigen, die einem auf den höheren Ebenen der Medizin, Botanik oder Zoologie ungleich komplexer begegnen. Ich wünsche meinen Lesern viel Spaß bei dieser Auseinandersetzung und allen Erfolg beim Transfer und der Anwendung der dabei gewonnenen Erkenntnisse und Erfahrungen.

Hamburg, im Januar 2011 *Alexander Laatsch*

Aufbau der Nukleinsäuren

oder: Hotel Mama

gesucht:
Ein Grundkonzept für einen einfach aufzubauenden, beliebig großen Informationsspeicher.

gefunden:

- *vier „Buchstaben" als beliebig kombinierbare Informationsträger (Basen)*
- *ein universeller Baustein als „Buchstabenhalter" (Ribose)*
- *ein Kleber (Phosphat) für lineare Verknüpfung zu beliebig langem „Text" (Nukleinsäure)*

„... diese Voraussetzungen gegeben sind, synthetisiert die DNA-Polymerase III also in 5'→3'-Richtung und benötigt dafür neben Nukleotidtriphosphaten ein freies 3'-OH-Ende. Soviel für heute, den Rest lesen Sie bis zum Praktikum bitte im Skript, wir sehen uns dann morgen!"

„Na super", denkt Piet, während der letzte Satz des Dozenten im Tumult der aus dem Hörsaal strömenden Studenten untergeht. Mit einem Blick auf die zu Semesterbeginn verteilte Themenliste versucht Piet abzuschätzen, was genau mit dem „Rest" gemeint sein könnte. Als die Stichworte *DNA-Struktur, Replikation, Reparatursysteme, Endonukleasen* und *PCR* vor seinen Augen auftauchen, beschließt er, das Problem erst einmal auf nach dem Mittagessen zu verschieben und lässt sich mit dem Strom seiner Kommilitonen in die Mensa treiben.

Während er auf der Suche nach einem freien Platz sein Tablett zwischen den voll besetzten Tischen entlang balanciert und dabei gleichzeitig versucht, niemanden mit seinem Rucksack von den Füßen zu holen, entdeckt er plötzlich Thomas und – Wunder geschehen immer wieder – neben ihm einen freien Platz.

„Hallo Thomas, wie geht's?", begrüßt Piet seinen alten Schulfreund, während er im Kampf gegen die enge Bestuhlung versucht, Tablett, Rucksack und Füße an jeweils sinnvollen Orten unterzubringen.

„Ohne Deinen Schal in meiner Suppe noch viel besser", grinst Thomas und befördert die tropfenden Fransen zurück auf Piets Tablett, „und selbst?"

„Geht so", antwortet Piet, während er seine Arme in einem aus Sicht des Schultergelenks waghalsigen Manöver über den eigenen Teller bringt und selbst mit dem Löffeln beginnt, „der Start heute Morgen war nicht so besonders – eine Stunde Vorlesung und die Aussicht auf vermutlich mindestens drei Stunden Nachbereitung, wenn das mal reicht."

„Das klingt, als solltest Du das Verhältnis irgendwie optimieren", setzt Thomas an, der vor einem Jahr begonnen hat, Informatik und Ingenieurwissenschaften zu studieren. Piet schwant, dass hinter dieser Formulierung der Versuch steckt, ihn wieder in eine recht einseitige Diskussion über Prozessoptimierung oder etwas Ähnliches hineinzuziehen. Er beschließt deshalb, dass seine oberste Priorität momentan dem Essen gebührt, und beide leeren erst einmal schweigend ihre Teller.

„Als Vorspeise war das gut", durchbricht Piet nach dem letzten Löffel die nicht vorhandene Ruhe der überfüllten Mensa. „Hast Du gleich noch eine Veranstaltung, oder wollen wir uns bei meinen Eltern zum Hauptgang einladen?"

„Hotel ‚Mama'? Klingt nicht schlecht – wir könnten natürlich auch zu mir, in unserer Wohnheimküche …"

„Ist schon ok", unterbricht Piet seinen Freund schnell, „Deine frühe Selbständigkeit und die sozialen Freiheiten des Wohnheimlebens in allen Ehren, aber ich brauche noch etwas Vernünftiges zum Essen."

Ein paar Busstationen und zwei Schnitzel später sitzen die beiden in Piets Zimmer, dem der Studienbeginn ein neues Bücherregal beschert hat.

„Eigentlich hatte ich vorgehabt, die neuen Bücher entsprechend meinen Lieblingsfächern zu ordnen, tatsächlich kannst Du hier jetzt die Reihenfolge der Klausuren ablesen", erklärt Piet etwas geknickt sein neues Ordnungssystem.

„Aha, was macht ihr als Mediziner denn so im ersten Semester?", fragt Thomas.

„Willst Du das wirklich wissen?"

„Das entscheide ich, wenn Du angefangen hast, es zu erzählen, aber verschone mich mit Anatomie, meine Knie geben schon nach, wenn ich das Bild auf dem Buchdeckel hier sehe …"

„Dann habe ich momentan nur noch Biochemie im Angebot", erwidert Piet und schlägt auf seinem Schreibtisch unauffällig den Anatomie-Atlas zu, den Thomas offenbar noch nicht entdeckt hatte.

„Dann mal los, ich höre!", fordert Thomas ihn auf und lässt sich in einen Sessel fallen.

„Soviel kann ich noch gar nicht dazu sagen, wir hatten heute die erste Vorlesung zu Nukleinsäuren und neulich schon ein Seminar", beginnt Piet, der mittlerweile ebenfalls sitzt und aus dem Schank hinter sich eine Tafel Schokolade hervorangelt.

DNA als Informationsträger

„Was ich aus der Schule dazu noch weiß", wirft Thomas ein, „ist, dass die DNA der Träger unserer Erbinformation ist, und die Erbinformation besteht aus einem Text, der mit nur vier Buchstaben geschrieben ist."

„Genau, aber wir armen Mediziner müssen jetzt auch noch verstehen, was sich eigentlich chemisch hinter diesem Text verbirgt, wie er tatsächlich geschrieben wird, wie dieser Text zu einem Lebewesen wird, das man anfassen kann, und warum unterschiedliche Texte zu unterschiedlichen Lebewesen führen …"

„… das klingt nach einer Herausforderung für einen Informationsverarbeiter und Ingenieur wie mich …"

„… und dann geht es für den Mediziner erst los: Welche Fehler in dem Text machen warum krank, und was kann man dagegen tun? – Das Programm haben sie uns jedenfalls in der Eingangsveranstaltung angekündigt, und ich finde die Vorstellung auch faszinierend, diese Dinge irgendwie zu verstehen. Der Knackpunkt wird aber zunächst wohl das ‚irgendwie' sein."

„Nun sieh das mal nicht gleich so schwarz", muntert Thomas seinen schon in früheren Jahren leicht zu entmutigenden Freund Piet auf, „das klingt ja wie vor dem Abi, und das hast Du schließlich auch ohne größere Bruchlandungen geschafft!"

RNA – Ribonukleinsäure

„Ok", beginnt Piet mit einem Blick auf seinen Notizblock, den er mittlerweile aus seinem Rucksack geholt hat, „an der Uni haben sie vor der DNA erst mal mit der RNA angefangen. Die Abkürzung ‚RNA' steht für *ribonucleic acid* oder Ribonukleinsäure auf deutsch, dann als ‚RNS' abgekürzt. Eine RNA ist ein fadenartiges Molekül, das wie eine Kette aus einzelnen, kleinen Bausteinen besteht, die beliebig oft und in beliebiger Reihenfolge hintereinander gehängt werden können."

„Wie diese Namenskettchen, bei denen man durchbohrte Buchstabenwürfelchen auf eine Schnur zieht und auf die meine kleine Schwester momentan so steht?"

Nukleinsäuren als Polymere

„Ja, auf diese Weise kann man theoretisch ein unendlich langes Molekül erzeugen. Das ganze Molekül ist deshalb ein Polymer, besteht also aus *poly* = vielen Einzelteilen, die man Monomere nennt, *mono* = etwas Einzelnes."

„Also chemisch gesehen eigentlich wie ein Kunststoff, zum Beispiel Polystyrol oder Polyethylen, aus denen Plastikfolien oder Kunststoffflaschen gemacht werden. Die bestehen dann auch aus ganz vielen ihrer Monomere, nämlich Styrol beziehungsweise Ethen?!"

„Ich denke mal, ja. Die Besonderheit bei der Ribonukleinsäure ist, dass sie aus einer Mischung aus vier verschiedenen Monomeren besteht, die in beliebiger Reihenfolge aneinanderhängen können. Das sind die vier verschiedenen Buchstaben, von denen Du vorhin gesprochen hast. Der Laden, in dem Deine Schwester die Buchstabenwürfel für ihre Ketten kauft, hätte also weniger Aufwand, wenn seine Kunden nicht Wörterketten aus mindestens 26 verschiedenen Buchstaben würden basteln wollen, sondern Nukleinsäuresequenzen aus nur vier verschiedenen Buchstaben."

Nukleotide

„Ich werde es meiner Schwester vorschlagen", grinst Thomas, und Piet fährt fort: „Die Analogie mit den Buchstaben ergibt sich, weil die Bausteine, die in der RNA vorkommen, in der Tat mit Buchstaben bezeichnet werden. Es sind Abkürzungen für chemische Substanzen, nämlich für die Moleküle Adenin, Cytosin, Guanin und Uracil, A, C, G und U. Chemisch betrachtet handelt es sich dabei um Basen, deshalb spricht man zusammenfassend häufig nur von ‚den Basen'. Dass das Basen sind, ist für die ganze Sache allerdings zunächst einmal ziemlich egal. Entscheidender ist, dass jede dieser Basen A, C, G oder U an ein Zuckermolekül gebunden ist, das Ribose heißt. Daran wiederum hängt dann ein Phosphorsäurerest, guck hier", Piet hält Thomas seinen Notizblock entgegen, in den er während der Vorlesung Abbildung 1 gezeichnet hat.

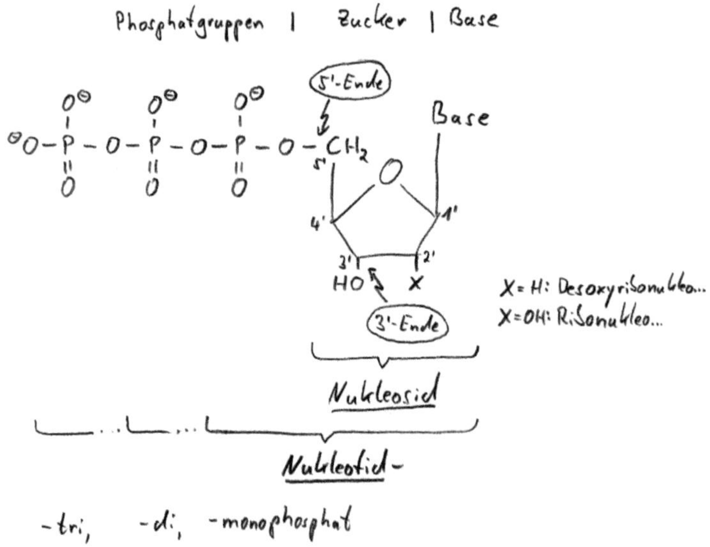

Abbildung 1: Aufbau eines Nukleotids
Eine Nukleobase bildet gemeinsam mit einer Ribose ein Nukleosid. Kommen Phosphatgruppen am 5'-Kohlenstoffatom hinzu, erhält man ein Nukleotid. Mit den Begriffen Nukleotid*tri*phosphat (NTP), Nukleotid*di*phosphat (NDP) und Nukleotid*mono*phosphat (NMP) kann die Anzahl der Phosphatgruppen angegeben werden. Durch den Vorsatz „Ribo-“ oder „Desoxyribo-“ kann näher angegeben werden, ob es sich bei dem Zucker um eine Ribose oder eine Desoxyribose handelt.

„Ok“, überlegt Thomas, während er die Zeichnung studiert, „Base und Zucker zusammen heißen also Nukleosid, und wenn ein Phosphorsäurerest dazukommt, heißt das ganze Ding Nukleotid. Da muss man aber auf seine Aussprache achten! Immerhin ist es alphabetisch, erst Nukleo*s*id und dann Nukleo*t*id. Eine Frage hätte ich allerdings: Eine Ribose sehe ich in Deiner Zeichnung, eine Säure auch, nämlich die Phosphorsäure, aber warum heißt es Ribo*nuklein*säure?“

„Nukleinsäure heißt das angeblich deshalb, weil die Leute früher, als sie das erste Mal Zellen chemisch untersucht haben, festgestellt haben, dass sich im Zellkern, dem Nukleus, Säuren befinden. Die hat man dann Nukleinsäuren genannt und erst später bei genaueren Untersuchungen festgestellt, dass es sich dabei um DNA und RNA handelt und dass diese Moleküle die Träger von genetischen Informationen sind. RNA kommt auch außerhalb des Zellkerns vor, aber da hat man ursprünglich wohl nicht ganz so genau hingeguckt.“

„Sehr schön, Piet, jetzt lehnt sich der Ingenieur mal zurück und lässt sich vom Mediziner zeigen, wie man diese Nukleotid-Monomere zu einem RNA-Polymer zusammenbastelt!“

Verknüpfung von Nukleotiden

„Das funktioniert wie mit Legosteinen, Du steckst sie einfach zusammen!“

„Ich denke, Ihr sollt verstehen, wie das wirklich funktioniert?! So simpel ist mir das zu wenig!“, protestiert Thomas.

5'- und 3'-Ende

„Sich das Leben mit Hilfe von anschaulichen Bildern etwas einfacher zu machen, ist doch nicht verboten, oder? Hier kommt die richtige Erklärung: Jedes Nukleotid hat zwei Seiten“, Piet blättert intensiver in seinem Block, „ein sogenanntes 5'-Ende und ein 3'-Ende. Das 5'-Ende ist das mit der Phosphatgruppe, die an dem 5'-Kohlenstoffatom der Ribose sitzt, so wie ich es in Abbildung 1 nummeriert habe. Entsprechend ist das 3'-Ende die OH-Gruppe, die an dem 3'-Kohlenstoffatom sitzt. Wie bei einem Legostein passt jetzt immer ein Ende auf das jeweils andere des nächsten Steins. Angenommen, die Phosphatgruppe am 5'-Ende sei die hubbelige Oberseite des Legosteins, dann halten zwei dieser Legosteine nur dann zusammen, wenn man diese Oberseite in die Unterseite eines zweiten Steins drückt, also das 5'-Ende des einen Steins mit dem 3'-Ende des nächsten Steins verknüpft. Alles klar?“

„Ja, aber Du drückst Dich immer noch um die Chemie herum!“

Phosphodiesterbindung

„Wie gesagt trifft immer eine Säuregruppe aus dem Phosphorsäurerest auf eine alkoholische OH-Gruppe der nächsten Ribose. Das ist Schulchemie – jetzt bis Du dran!“

„Säure plus Alkohol ergibt Ester plus Wasser“, kommt es zögerlich über Thomas’ Lippen. Es ist ihm anzusehen, dass er seine Worte zwar gehört hat, ihm der Sinn aber schon vor längerer Zeit entfallen ist.

„Bingo – da geht ja noch was!“, freut sich Piet, der seinen Auftritt sichtlich genießt. „Es bildet sich eine Esterbindung, die beiden Nukleotid-Bausteine halten zusammen, und das Nebenprodukt ist Wasser. Daraus bestehen wir sowieso zum größten Teil, und das freut die Zelle, denn so muss sie sich keine Gedanken über die Entsorgung etwaigen Giftmülls machen. So eine saubere Produktionsanlage müsst Ihr Ingenieure Euch auch mal überlegen, nicht immer dieses Egal-was-rauskommt-Hauptsache-meine-Maschine-arbeitet-und-den-Dreck-können-andere-wegmachen!“

„Ist ja gut, Piet", wehrt Thomas ab, „die Evolution hatte eben Pi mal Daumen zwei bis drei Milliarden Jahre länger Zeit, aber wir arbeiten dran!"

„Was weiterhin eine tolle Sache ist", fährt Piet unbeeindruckt fort, „ist, dass die beiden zusammengedrückten Legosteine als Ganzes betrachtet wieder genau eine hubbelige Oberseite haben und genau eine dazu passende Unterseite. Es liegt jetzt zwar etwas mehr dazwischen, aber aus der Entfernung betrachtet sehen sie im Grunde wieder genauso aus wie ein einzelner Stein und verhalten sich auch entsprechend! Das heißt, man kann jetzt nach dem gleichen Prinzip zwei Zweiersteine zu einem Viererturm zusammendrücken, zwei davon dann zu einem Achter und so weiter, oder man drückt immer wieder nur einen neuen Stein unter die bereits vorhandenen und schon hat man eine ganz lange Kette."

Thomas zieht die Stirn kraus.

„Entschuldige", setzt Piet noch einmal an, „Du hast es ja lieber chemischer. Ich versuche, das nochmal genauso, nur mit anderen Worten zu wiederholen: Die miteinander verbundenen Nukleotide haben als Ganzes betrachtet wieder ein 5'- und ein 3'-Ende. Wenn man nicht so genau hinschaut und nicht merkt, dass es eigentlich schon ein Dinukleotid ist, sehen sie als Ganzes genauso aus wie ein einzelnes Nukleotid und verhalten sich auch so. Es lassen sich jetzt also zwei Dinukleotide über ihre 5'- und 3'-Enden zu einem Tetramer verestern, zwei Tetramere dann zu einem Oktamer, oder man verestert immer wieder ein einzelnes Nukleotid mit einer dadurch ständig wachsenden Kette und hat am Ende eine schön lange Nukleinsäure."

Informationsgehalt von Nukleinsäuren

„Ist schon gut", wirft Thomas ein, „Dein Legobild ist vielleicht gar nicht so schlecht – Hauptsache Du weißt, wie das alles im Detail heißt. Was mir an den Legosteinen ganz gut gefällt, ist, dass es davon mehrere Farben gibt. Angenommen – und das ist jetzt etwas für den Informatiker in mir – Du hast beim Zusammenstecken Steine mit vier verschiedenen Farben zur Verfügung, die den vier unterschiedlichen Nukleotiden entsprechen. Beim ersten Stein hast Du vier Farbmöglichkeiten, eine Kette anzufangen. Beim zweiten Stein hast Du bei jeder der vier angefangenen Ketten wieder vier Möglichkeiten weiterzumachen, es sind also vier mal vier gleich 16 verschiedene Dinukleotide möglich."

„Nukleinsäuren sind eben Informationsspeicher des Lebens, irgendwoher muss die genetische Vielfalt ja kommen!"

„In der Tat, und die Kombinationsmöglichkeiten wachsen mit steigender Kettenlänge extrem an: In unserem Dezimalsystem mit zehn unterschiedlichen Ziffern bedeutet jede zusätzliche Ziffer in einer Zahl zehnmal mehr Kombinationsmöglichkeiten. Bei den Nukleinsäuren mit nur vier verschiedenen „Ziffern" erhöht sich für jeden weiteren Baustein die Anzahl der Möglichkeiten um Faktor vier. Für ein Polynukleotid mit zehn Bausteinen gibt es also schon vier hoch 10", Thomas zückt seinen Taschenrechner, „also über eine Million Kombinationsmöglichkeiten, bei 100 Bausteinen sind es mehr als eine Eins mit 60 Nullen – wie viele Atome gab es doch gleich im Universum?"

„Wahnsinn, der einfache Chromosomensatz des Menschen besteht aus drei Milliarden Bausteinen. Wie viele Kombinationsmöglichkeiten gibt es denn dafür? Was sagt Dein Taschenrechner dazu?"

Thomas tippt und verkündet das Ergebnis: „*Error* – das ist wohl entschieden zu groß, als dass man sich darüber Gedanken machen sollte! Jedenfalls bräuchtest Du eigentlich nur 17er-Ketten, um jedem Menschen auf der Erde eine individuelle Kombination geben zu können."

RNA und DNA

Die beiden widmen diesen Zahlen noch ein paar andächtige Augenblicke, bis Thomas den Faden wieder aufnimmt: „Ganz allgemein kann man also sagen, dass Nukleinsäuren aus Nukleotiden aufgebaut sind. Wenn man *Ribo*nukleotide nimmt, das heißt mit 2'-OH in Abbildung 1, dann kann man darüber hinaus sogar sagen, dass man nicht nur eine Nukleinsäure, sondern genauer eine *Ribo*nukleinsäure hat, mit anderen Worten: RNA."

„Richtig, und wenn man statt eines Ribonukleotids ein *Desoxy*ribonukleotid nimmt, dann hat man am Ende allgemein gesprochen wieder eine Nukleinsäure, aber diesmal ist es keine RNA sondern DNA, *Desoxy*ribonukleinsäure."

„Und die Verknüpfung ist bei DNA und RNA identisch?"

„Ja, das ist genau das gleiche. Der einzige Unterschied zu einem Ribonukleotid ist, wie in Abbildung 1 zu sehen, dass die 2'-OH-Gruppe in einem *Desoxy*ribonukleotid fehlt. Die hat aber mit der Veresterung gar nichts zu tun, deshalb ändert sich der Verknüpfungsmechanismus nicht. Das ist sehr praktisch, weil man so nur eine Sache lernen muss und gleich für RNA und DNA Bescheid weiß."

„Sonst gibt es wirklich keine anderen Unterschiede?"

„Doch, aber meine Schokolade ist alle, und ohne neuen Brennstoff kann ich nicht weitermachen. Meine Seminarunterlagen sind übrigens auch demnächst erschöpft, trotzdem muss ich nochmal die Vorlesung durchgehen und ‚den Rest' vorbereiten, wie uns heute Morgen so schön aufgetragen wurde. Das wird sicher etwas zäher werden als unser bisheriger Plausch …"

„Ich hätte einen Vorschlag, der vielleicht auch Dein schwächelndes Sozialleben ein bisschen auffrischt", unterbricht ihn Thomas. „Wir fahren zu mir ins Wohnheim, ich stelle Dich zuerst unserem Snack-Automaten vor und dann Sebastian, der auch Mediziner ist und momentan fürs Physikum lernt. Früher habe ich öfter mit ihm gekickert, aber in letzter Zeit kann man mit ihm kaum ein Gespräch führen, das sich nicht ums Studium dreht. Könnte mir vorstellen, dass er Dir gerne weiterhilft, indem er an Dir seinen gelernten Stoff wiederholt."

„Ok, Snack-Automat klingt gut! Der noch zu erwähnende Unterschied zwischen RNA und DNA ist, dass in der DNA Thymin statt Uracil als Base vorkommt. Außer der Tatsache, dass dadurch eine der Basen etwas anders aussieht und man T statt U schreiben muss, hat das zunächst einmal aber keine weiteren Konsequenzen. – Können wir jetzt los?"

Die Struktur der DNA

oder: Neue Bekannte

gesucht:
Ein Konzept zum Stabilisieren und Auslesen der in der DNA kodierten Information.

gefunden:
- *Doppelstrang (sichert Information durch Redundanz)*
- *Spiralisierung („genormte“ Struktur für Ablesevorgänge)*
- *komplementäre Basenpaarung (einfache Informationsweitergabe)*

Im Wohnheim angekommen, tauscht Piet den kläglichen Inhalt seines Portemonnaies gegen einen Teil des Snack-Automaten-inhaltes ein, um sich anschließend zusammen mit Thomas auf die Suche nach Sebastian zu machen. Der Wohnheimkicker ist von Erstsemestern belagert, aber sie finden Sebastian wie erwartet in seinem Zimmer am Schreibtisch.

„Hi Sebastian“, ruft Thomas, nachdem er seinen Kopf vorsichtig durch die unverschlossene Tür gesteckt hat. „Wie läuft's?“

„Muss ja“, kommt es von Sebastian, „schön, dass Du vorbeikommst, ist vielleicht ein guter Moment für eine Pause.“

„Hier ist ein Schulfreund von mir“, stellt Thomas Piet vor, der nun auch das Zimmer betritt.

„Hallo, ich bin Piet“, fährt dieser fort und schüttelt dem einen Kopf größeren Sebastian die Hand. „Ich habe Anfang des Semesters mit Medizin angefangen.“

„Und, macht's noch Spaß?“, grinst Sebastian.

„Ich lasse mich zwischenzeitlich von angehenden Ingenieuren motivieren“, feixt Piet mit einem Blick auf Thomas, „damit kann ich mich ganz gut über Wasser halten.“

„Jetzt ist allerdings der Punkt gekommen“, schaltet sich Thomas ein, „an dem mein schlichter Bastlergeist die Segel streicht, deshalb dachte ich, ich bringe Euch beide mal zusammen.“

„Nun denn, wo klemmt es denn?“, fragt Sebastian, wieder an Piet gewandt.

„Wir hatten heute DNA-Vorlesung. Wie immer war es zu viel Stoff für einen Termin, aber morgen ist das Praktikum, und wir sollen den nicht behandelten Stoff nacharbeiten.“

„Das bekommen die offenbar schon seit Jahren nicht hin. Ich habe im Fachschaftsrat angeregt, dass wir eine wirklich gute Semesterkritik zusammenstellen und die dann dem direkt zuständigen Lehrvertreter geben. Vielleicht tut sich dann etwas, aber das hilft Dir natürlich heute noch nicht."

„Das ist wohl wahr, aber bei Eurer Arbeitsgruppe würde ich gern mitmachen und ein paar Punkte einbringen. Heute muss ich aber erst mal DNA begreifen."

„Wie war denn das im ersten Semester eigentlich thematisch angelegt? Es ging allgemein los mit dem chemischen Aufbau der Nukleinsäuren, dann kam DNA, und zwar erst die Struktur und dann die Replikation, also die Vervielfältigung. Anschließend ging es weiter mit der Transkription, aber dazu gibt es dann wieder einen Vorlesungstermin."

„Ja, den Aufbau haben wir heute Morgen geschafft, und es ist mir vorhin sogar gelungen, es Thomas zu erklären. Von allem danach habe ich dafür allerdings noch überhaupt keinen Plan."

„Wenn ich mich richtig erinnere, ist Replikation für das Praktikum nicht so wichtig, das heißt, Du kannst das ein paar Tage aufschieben. Wenn Du Lust hast, können wir für DNA-Struktur eine spontane Lerngruppe bilden – ich habe mir das Thema für das Physikum schon angesehen, und es würde mir sehr helfen, es jemandem zu erklären. Lesen ist doch immer etwas anderes, als selbst erzählen zu müssen, und ich würde ungern erst im mündlichen Physikum merken, dass ich irgendwas doch noch unlogisch finde …"

„Das ist ein Deal!", freut sich Piet. „Vielen Dank, Thomas, mach' Dir am besten einen schönen Nachmittag und denk ab und zu mal an uns!"

„Ist gut, viel Erfolg, Ihr beiden", verabschiedet sich Thomas und verschwindet sichtlich zufrieden in den Korridoren des Wohnheims auf der Suche nach einer guten Beschäftigung für den Rest des Tages.

Molekularer Aufbau der DNA

„So, auf geht's", ermuntert Sebastian sich selbst, nachdem er und Piet es sich um seinen kleinen Tisch herum gemütlich gemacht haben. „DNA ist ein Polymer aus vielen Monomeren, den Nukleotiden A, T, C und G. Jedes dieser Nukleotide hat ein 5'- und ein 3'-Ende, und das gleiche gilt dann auch für den gesamten DNA-Strang: Das 5'-Ende des ersten Nukleotids ist gleichzeitig das 5'-Ende des gesamten DNA-Strangs, und am anderen Ende des DNA-Moleküls befindet sich das 3'-Ende, das vom letzten Nukleotid der Kette stammt. Hier ist das gut zu sehen." Begleitend zu seinen letzten Worten legt Sebastian eine offenbar selbst gezeichnete Skizze auf den Tisch, verdeckt aber deren oberen Teil mit einem Blatt Papier, so dass nur noch Abbildung 2 zu erkennen ist.

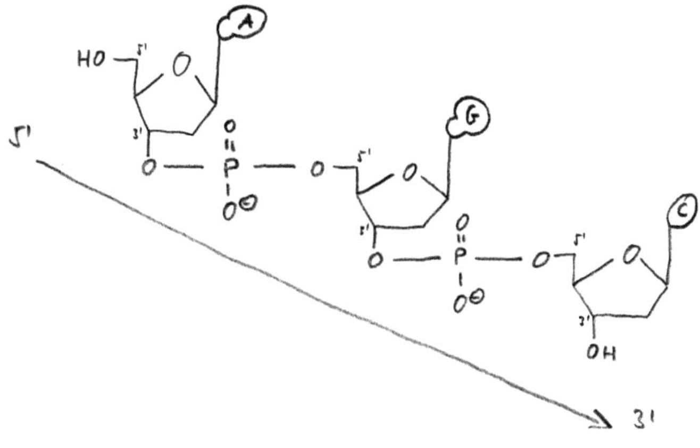

Abbildung 2: Struktur eines DNA-Strangs
Das 3'-Ende eines Nukleotids ist mit dem 5'-Ende des folgenden über eine Phosphatgruppe verknüpft. Der gesamte Strang erhält dadurch ein freies 5'- und ein freies 3'-Ende. Jede Phosphatgruppe im Rückgrat des Strangs trägt eine negative Ladung, so dass der Strang über seine gesamte Länge negativ geladen ist.

Piet nickt zustimmend, das entsprach genau dem, was er Thomas mittags erklärt hatte. „Was bedeutet der Pfeil?“, fragt er.

Leserichtung

„Der Pfeil zeigt die Leserichtung an. Will man die Basen in einem DNA-Strang ablesen, so kann man natürlich sowohl von der einen als auch von der anderen Seite her beginnen, es kommen dann aber zwei unterschiedliche Texte heraus. Man hat sich daher auf eine bestimmte Leserichtung geeinigt, nämlich vom 5'-Ende zum 3'-Ende, deshalb ist es so wichtig, das mit den verschiedenen Enden zu verstehen. Diese Festlegung ist willkürlich, man hätte es theoretisch auch anders herum machen können – eine ebenso willkürliche Festlegung ist es, dass wir in Mitteleuropa Text üblicherweise von links nach rechts lesen und schreiben, und es ist für die Verständigung sehr hilfreich, dass sich alle daran halten! Im Fall der DNA erweist sich die 5'→3'-Richtung sogar später im Zusammenhang mit der Transkription und Translation noch als sinnvoll[1], und es ermöglicht

[1] Sebastian verweist hier auf eine geschickte Definition, die Piet sich in ein paar Tagen mit Abbildung 16 auf Seite 46 klarmachen wird.

eine kleine Eselsbrücke, denn man rutscht dadurch beim Lesen der DNA-Sequenz von der größeren Zahl nach unten in Richtung kleinerer Zahl."

„Wenn ich also irgendwo eine DNA-Sequenz geschrieben sehe, sagen wir ‚ATTCGA', dann ist das gleichbedeutend mit ‚5'-ATTCGA-3'‘?", fragt Piet.

„Ja, genau. Wenn nichts Anderes dabeisteht, dann ist die Richtung immer von 5' nach 3'", bestätigt Sebastian. „Soweit ist es ganz übersichtlich, aber jetzt beginnt es, komplizierter zu werden. Keine Angst", versucht er Piet, der die Stirn krauszieht, sofort zu beruhigen, „es ist alles ganz logisch und inhaltlich auch sinnvoll, aber man muss es sich einmal in Ruhe überlegt haben, und das werden wir jetzt tun!"

„Das klingt gut!"

Komplementarität und Basenpaarung

„DNA kommt nahezu ausschließlich doppelsträngig vor, das ist später für die Replikation wichtig. Es lagern sich also immer zwei DNA-Stränge zusammen. Entscheidend ist, wie sie das tun: Zum einen funktioniert das nur, wenn der zweite Strang *komplementär* zum ersten ist, das heißt soviel wie ‚chemisch passend'. Andernfalls können die Stränge nicht stabil aneinander binden. Das bedeutet, es muss zu einer Basenpaarung kommen, bei der jede Base sich an einer anderen Base des Gegenstrangs festhalten können muss. Das setzt voraus, dass jeder Base des einen Strangs eine komplementäre Base des zweiten Strangs gegenüberliegt. Diese beiden Basen sind dann in der Lage, sich über Wasserstoffbrückenbindungen gegenseitig zu binden. Das ist ein bisschen wie ein Klettverschluss, nur dass die Häkchen und die kleinen Schlaufen nicht durchgehend auf dem einen beziehungsweise anderen Strang verlaufen, sondern sich wie die Nukleotide in einem Strang unregelmäßig abwechseln. So ein Klettverschluss kann nur halten und lücken- und wellenlos schließen, wenn sich an jeder Stelle Häkchen und Schlaufen richtig gegenüberliegen. Die auf diese Weise komplementären Basenpaare sind A=T und G≡C. Wer auf welcher Seite liegt, ist für die Bindung egal, A=T und T=A sind also gleichwertig, genau wie G≡C und C≡G. Die Anzahl der Striche entspricht der Anzahl der Wasserstoffbrücken zwischen den Basen, das heißt, zwischen C und G gibt es ein Häkchen mehr als zwischen A und T, und tatsächlich braucht es mehr Kraft, eine GC-Bindung zu trennen als eine AT-Bindung."

„Aber kann ich die Basen anders kombinieren, zum Beispiel A mit C und dann verschenke ich eben einen Haken des Cs?"

„Nein, da hinkt das Beispiel mit dem Klettverschluss ein bisschen. Es klebt nur A mit T und G mit C, das liegt an der räumlichen Anordnung der Atome, zwischen denen sich die Wasserstoffbrücken bilden. Liegen sich die falschen Basen gegenüber, treffen die Häkchen nicht genau auf die Schlaufen, so könnte man das Bild retten. Die Weise, in der es geht, nennt man Watson-Crick-Basenpaarung, nach den Entdeckern der DNA-Helixstruktur, zu der wir gleich noch kommen. Es gibt aber noch eine weitere Bedingung, damit die räumliche Struktur der Basen aufeinander passt: Die beiden DNA-Stränge müssen sich *antiparallel,* das heißt gegenläufig, gegenüberliegen. Das bedeutet, die Base am 5'-Ende des ersten Strangs muss komplementär sein zur Base am 3'-Ende des zweiten Strangs und dann immer so weiter, wie hier in der Abbildung." Sebastian schiebt das Papier zur Seite, mit dem er vorhin den oberen Teil seiner Skizze verdeckt hatte.

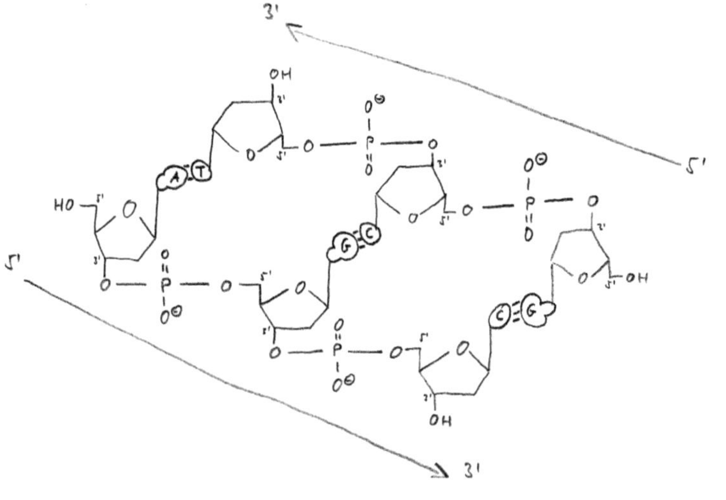

Abbildung 3: Struktur eines DNA-Doppelstrangs
Aus einem DNA-Einzelstrang (vgl. Abbildung 2, S. 17) bildet ein DNA-Doppelstrang, indem sich ein weiterer Einzelstrang mit komplementären Basen antiparallel anlagert. Dadurch, dass sich immer eine große Purin-Base mit einer kleinen Pyrimidin-Base paart, bleibt der Abstand der Stränge konstant. Die Wasserstoffbrücken der komplementären Basenpaarung können sich nur bei antiparalleler Anordnung der Einzelstränge ausbilden.

„Das muss ich mir erst einmal in Ruhe angucken", grübelt Piet, während er auf die nun ganz freigelegte Abbildung 3 blickt und noch einmal nachvollzieht, was Sebastian gerade gesagt hat. Nach einer kurzen Pause nickt er langsam.

DNA-Reparatur

„Sehr schön", freut sich Sebastian. „Der Informatiker in Thomas hätte jetzt vermutlich darauf hingewiesen, dass die Information der beiden Stränge redundant ist, denn durch die Komplementarität lässt sich jeder Strang aus dem anderen rekonstruieren. Das nutzen DNA-Reparatursysteme der Zelle, die Defekte mittels der Information aus dem Gegenstrang beheben können. Dabei sollten wir es zu dem Thema vorerst belassen. Bei Transkription und PCR wird es dazu noch einmal etwas wilder, aber bevor wir uns da allein das Hirn verrenken, holen wir uns professionelle Hilfe."

„Die wie aussieht?" Piet hat ein unübersehbares Fragezeichen im Gesicht.

„Ganz attraktiv, meinem Geschmack nach", schmunzelt Sebastian, „sie wohnt nebenan und studiert Biochemie."

DNA-Doppelhelix

„Noch eine Lerngruppe also", kommentiert Piet etwas ironisch, aber Sebastian ist schon wieder im Thema: „Weil es die Chemie oder Physik oder meinetwegen auch die Physikalische Chemie so will, nehmen zwei gepaarte DNA-Stränge die räumliche Form einer rechtsgewundenen Doppelhelix ein. Das ist eine spiral- oder besser gesagt schraubenartige Struktur, die man sich zunächst einmal am besten so vorstellt wie zwei Schnüre, die man gemeinsam miteinander verdreht. Dir ist bei einem Blick in ein Biochemiebuch sicher schon aufgefallen, dass die Basen zwei unterschiedliche chemische Grundstrukturen haben. Adenin und Guanin bestehen aus einer recht großen Doppelringstruktur, wohingegen Thymin und Cytosin aus nur einem Ring bestehen und entsprechend kleiner sind. Die Basen mit Doppelringstruktur nennt man Purine, die mit nur einem Ring Pyrimidine. Das kann man sich so merken, dass der kurze Name zum großen Molekül gehört und umgekehrt der lange Name zum kleinen Molekül. Nicht ganz zufällig besteht ein komplementäres Basenpaar immer aus einem Purin und einem Pyrimidin. Wenn Du jetzt noch einmal auf Abbildung 3 siehst, wirst Du feststellen, wozu das führt. Dadurch sind nämlich alle Basenpaare gleich breit und der Doppelstrang ist ganz regelmäßig, ohne Dellen oder Beulen. Das wiederum führt dazu, dass auch die Doppelhelix sehr regelmäßig ist und einen konstanten Durchmesser von etwa zwei Nanometern hat. Hier ist ein schönes Bild."

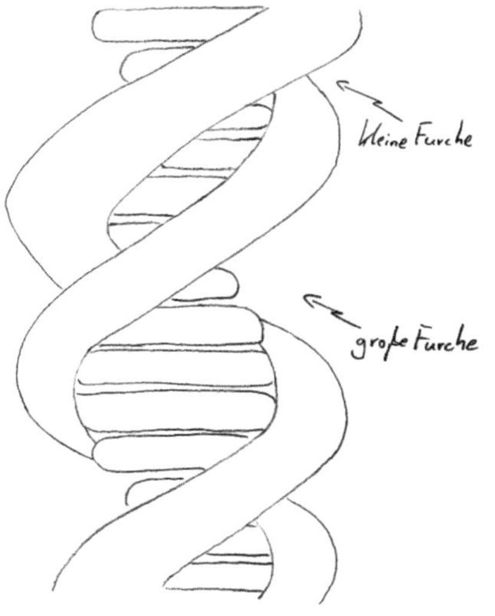

Abbildung 4: Struktur einer DNA-Doppelhelix
Die Basenpaare liegen wie die Stufen einer verdrehten Strickleiter im Inneren der Helix. Die Stricke, die außenliegenden Phosphatrückgrate, verdecken einen Großteil der Basenpaare, so dass diese nur eingeschränkt zugänglich sind. Durch die ungleichen Abstände der beiden Rückgrate zueinander ergeben sich eine breite „große Furche" sowie ein schmale „kleine Furche", die kontinuierlich um den Strang herumlaufen. Der Boden der großen Furche ist auf Kosten der kleinen Furche weit genug, um den Zugriff auf die Basenpaare zu ermöglichen. Sequenzspezifische Interaktionen finden deshalb meist hier statt.

„Das ist ja zur Abwechslung mal ganz anschaulich", findet Piet. „Was hat es mit den Furchen auf sich?"

Große und kleine Furche

„Anhand des Phosphatrückgrats kannst Du die beiden Einzelstränge gut verfolgen. Es fallen zwei Dinge auf: Zum einen sieht man von außen fast nur das Rückgrat und wenig von den Basen, die innen liegen, und zum anderen ist der Abstand der beiden Rückgrate zueinander unterschiedlich groß. Links und rechts bildet sich zwischen dem jeweiligen Rückgrat der Einzelstränge je eine Vertiefung in der Struktur, zwei Furchen wie auf einem gepflügten Acker, die man um einen Stab gewickelt hat. Die Einzelstränge rücken aufgrund der Bindungswinkel in einer Richtung etwas stärker zusammen, dadurch entfernen sie sich in der anderen Richtung voneinander. Das Ergebnis ist, dass die eine Furche schmaler ist und die andere breiter. Sie werden daher wie in der Abbildung als *kleine* und *große Furche* bezeichnet. Beide laufen kontinuierlich um die Achse der Helix herum. Versuche einmal, Dir das räumlich vorzustellen und gedanklich mit dem Finger durch die Furchen auf der Abbildung zu fahren, bis Du mindestens einmal um das Molekül herumgekommen bist – wenn Du aus der Papierebene wieder nach vorne kommst, musst Du immer noch in der kleinen Furche beziehungsweise immer noch in der großen Furche sein, sonst bist Du irgendwie verrutscht!“

Zum zweiten Mal an diesem Nachmittag entsteht eine kleine Pause, in der Piet angestrengt auf eine Zeichnung blickt. Schließlich hat er es geschafft, und plötzlich ist es kein Problem mehr, gedanklich wie in einer Bobbahn durch eine beliebige der beiden Furchen zu rutschen.

„Die unterschiedlichen Breiten der beiden Furchen haben sogar ihren Sinn, beziehungsweise die Natur nutzt sie entsprechend – wie immer Du willst“, fährt Sebastian fort.

„Habe ich mir fast gedacht …“

DNasen

„Ihr werdet das später noch ausführlich bekommen: Es gibt bestimmte Proteine, sogenannte Enzyme, die wie kleine Maschinen alle möglichen Arbeiten ausführen. Einige davon gewinnen Energie aus Nährstoffen, andere bewegen Muskelzellen, räumen Schrott weg oder bauen neue Nukleinsäuren, und einige von Ihnen sind dazu da, DNA abzubauen. Da die Namen von Enzymen immer auf ‚-ase‘ enden, heißt ein Enzym, das DNA abbaut, ‚DNase‘ oder allgemeiner ‚Nuklease‘ für ein Enzym, das Nukleinsäuren abbaut. Was meinst Du, muss geschehen, um eine Nukleinsäure abzubauen, das heißt, sie wieder in ihre Einzelteile zu zerlegen?“

„Man müsste die Nukleotide wieder vereinzeln, also das Rückgrat, genauer gesagt die Esterbindungen zwischen den Nukleotiden, trennen“, antwortet Piet.

„Genau das ist es. Nukleasen spalten die Esterbindungen, deshalb kann man sie auch ‚Esterasen‘ nennen. Es ist im ersten Moment ein bisschen ungewöhnlich und vielleicht verwirrend, dass ein und dasselbe Enzym mehrere Namen haben kann, aber daran musst Du Dich gewöhnen. Es kommt immer darauf an, welche Eigenschaft man betonen möchte. Will man auf die Spaltung einer Esterbindung hinaus, sagt man ‚Esterase‘, geht es primär um den Abbau einer Nukleinsäure sagt man ‚Nuklease‘ und wenn es wichtig ist, dass es eine DNA und keine RNA ist, sagt man ‚DNase‘.“

„Aha!“

Protein-DNA-Interaktion

„Ok, eigentlich ging es um die DNA-Furchen. Einer einfachen DNase geht es lediglich darum, ein DNA-Rückgrat zu spalten. Welche Basensequenz diese DNA hat, ist ihr egal. Sie muss also nur irgendeine DNA finden. Das ist gar nicht so leicht, wenn man keine Augen hat und durch die Zelle treibt. Was kann eine simple DNase also tun? Sie kann alles abtasten, mit dem sie zusammenstößt, und dabei versuchen zu raten, was es ist. Wie in Abbildung 4 zu sehen, besteht die kleine Furche fast nur aus Phosphatrückgrat, hat also eine für DNA charakteristische, hohe Dichte an negativen Ladungen. Die stammen von den außen liegenden Phosphatresten, während die im Inneren vorhandenen Basen das Aussehen der kleinen Furche nicht beeinflussen. Die DNase kann natürlich nur von außen abtasten, sieht also die einzelnen Basen gar nicht, fühlt sich aber von den vielen negativen Ladungen angezogen. Dann stellt sie aufgrund der Form fest, dass sie eine kleine Furche vor der Nase hat, also DNA. Mehr braucht sie nicht zu wissen und schon schneidet sie drauflos. Alles klar?"

„Alles klar."

Endo- und Exonukleasen

„Gut. Genauso wie man eine Stange Lauch sorgsam vom Ende her in kleine Stücke schneiden oder wild irgendwo durchhacken kann, gibt es zwei grundsätzlich unterschiedliche Möglichkeiten, eine lange Nukleinsäure abzubauen. Es können vom Ende des DNA-Strangs einzelne Nukleotide abgeknipst werden, das macht die Untergruppe der *Exo*nukleasen. Bei Einzelsträngen kann man sie – abhängig vom Ende, von dem aus sie anfangen – in 3'- und 5'-Exonukleasen unterscheiden. Alternativ kann man die Kette irgendwo in der Mitte durchschneiden, dafür sind dann die *Endo*nukleasen verantwortlich."

„Also ‚Endo' fürs Zerschneiden innerhalb der Kette und ‚Exo' für das Abnehmen eines Nukleotids vom 3'- oder 5'-Ende der Kette", wiederholt Piet.

„Richtig. Für einen schnellen Abbau macht es natürlich Sinn, wenn erst ein paar Endonukleasen eine lange Kette in mehrere kürzere zerlegen, denn dadurch entstehen viele Enden, von denen ausgehend dann viele Exonukleasen die kurzen Reststücke in einzelne Nukleotide zerlegen können."

„Was hat denn das noch mit DNA-Struktur zu tun?"

„Interessant wird es jetzt bei der großen Furche. Die ist, wie schon gesagt, so breit, dass man von außen bis zu den Nukleotiden sehen kann. Wenn ein Enzym, zum Beispiel wieder eine DNase, nicht nur erkennen will, dass sie eine DNA vor sich hat, sondern auch noch wissen möchte, ob diese DNA eine bestimmte Basenabfolge enthält, dann muss sie mit der großen

Furche interagieren, weil sie nur dort direkten Kontakt zu den Basen aufnehmen kann."

„Aber warum sollte eine DNase sich für die Sequenz der DNA interessieren, die sie abbauen will?"

Bakteriophagen

„Eine gute Frage! Eine Zelle sollte natürlich nicht ihre eigene DNA abbauen, denn die DNA ist schließlich ihr Genom und davon hat sie nur eines. Ein Bakterium kann aber zum Beispiel in die unangenehme Situation kommen, dass es von einem Bakteriophagen infiziert wird. Ein Bakteriophage ist ein Virus, das Bakterienzellen befällt, indem es von außen an die Zelle andockt und seine eigene DNA in die Bakterienzelle injiziert."

„Das habe ich schon in einem Buch gesehen, total abgefahren! Einige dieser Phagen sehen aus wie eine Raumsonde aus einem Science-Fiction-Film, mit einem kapselartigen Kopf, einem Schaft und einer Andockplatte, mit der sie sich auf das Bakterium setzen und es anbohren, um ihre DNA einzuschleusen."

Restriktions-endonukleasen

„In der Tat – diese Phagen-DNA vervielfältigt sich dann und führt letztlich dazu, dass das Bakterium neue Phagen freisetzt und abstirbt. Um sich gegen diese Phagen-DNA zu wehren, enthalten viele Bakterien sogenannte Restriktions-Endonukleasen. Die können wie jede Endonuklease DNA-Stränge zerschneiden, aber nur an Stellen mit einer ganz bestimmten Basensequenz. Diese Sequenz ist in der Phagen-DNA enthalten, sie wird deshalb von der Restriktions-Endonuklease zerstört. In der bakteriellen DNA kommt diese Sequenz jedoch nicht vor, beziehungsweise ist auf eine besondere Weise versteckt, so dass das Bakteriengenom nicht zerschnitten wird. Die Restriktions-Endonukleasen umschließen also jede DNA-Doppelhelix, die sie finden, und halten ein paar molekulare Finger in die große Furche, um die dort liegenden Basen abzutasten und dabei zu prüfen, ob die gesuchte Kombination vorliegt. Währenddessen rutschen sie in der Furche die Helix entlang und schrauben sich dabei um die Helix herum wie diese Clownfiguren, die es als Kinderspielzeug gibt: Man setzt sie mit dem Loch, das sie im Bauch haben, auf eine helixförmige Stange und dann rutschen sie, um diese Stange kreisend, herunter. Hat das Enzym bei seiner Wanderung mit seinen Tastfingern die kritische Basenkombination entdeckt, bleibt es stehen, klappt ein molekulares Messer aus, durchtrennt die DNA und hat damit das Bakterium vor einem Phagen gerettet."

„Dann sausen also ständig irgendwelche Enzyme an der DNA entlang?“

„Ja, permanent und mit ziemlich hoher Geschwindigkeit, denn es gibt noch viel mehr Aufgaben, für die die Erkennung bestimmter DNA-Sequenzen wichtig ist, und das Grundprinzip ist bei allen diesen Enzymen ähnlich.“

„Gibt es da nicht ständig Stau und Unfälle auf der DNA?“

Histone, Chromatinstruktur

„Mit Sicherheit, aber es gibt eine ganze Menge an Mechanismen, die dieses Problem lösen. Einer davon ist, dass die riesige DNA eukaryontischer Zellen nicht einfach irgendwie in den Zellkern hineingestopft ist, sondern sehr penibel geordnet und verpackt wird. Nicht zuletzt ist das natürlich wichtig, um die große Menge an Basenpaaren – immerhin sechs Milliarden in menschlichen Zellen – vernünftig in den kleinen Zellkern hineinzubekommen, aber es dient natürlich auch dazu, die Informationen, die in der DNA kodiert sind, auf sinnvolle Weise zugänglich zu machen und die verschiedenen Bereiche der DNA zu strukturieren. Dazu wird der zwei Nanometer breite DNA-Faden um Histone gewickelt. Es gibt fünf verschiedene Histonproteine, ...“

„... von denen vier an der Bildung einer Kugel beteiligt sind, die aus je zwei dieser vier Histone besteht, also ein Oktamer ist“, fährt Piet fort, der diesen Punkt von einem Übersichtsbild in seinem Biochemiebuch erinnert. „Das fünfte Histonprotein verbindet dann immer zwei dieser aufgewickelten, sogenannten Nukleosomen, so dass eine etwa zehn Nanometer breite Struktur entsteht, die an eine Perlschnur erinnert. Diese wird dann weiter zum ‚30-Nanometer-Faden‘ aufgewickelt. Dieser liegt dann wiederum in irgendwelchen Schlaufen, über die man offenbar noch nicht viel weiß, und das Ganze kondensiert sich dann noch einmal zum bekannten, mehr oder weniger X-förmigen Metaphase-Chromosom.“

„Dem habe ich wenig hinzuzufügen“, freut sich Sebastian. „Diese Komplexe aus DNA und Proteinen nennt man ‚Chromatin‘, weil sie mit bestimmten Farbstoffen anfärbbar sind. Man unterscheidet *Heterochromatin,* das hauptsächlich aus stark kondensierter, inaktiver DNA besteht, und *Euchromatin,* das DNA-Abschnitte enthält, die soweit entpackt sind, dass sie für die meisten Enzyme zugänglich sind. Hast Du eine Idee, wie Histone die DNA festhalten und im gewünschten Moment loslassen?“

„Mit einer molekularen Hand vielleicht?“, witzelt Piet.

„Gar nicht schlecht! Die Hand ist positiv geladen und kann deshalb das negativ geladene Phosphat-Rückgrat der DNA festhalten – entgegengesetzte Ladungen ziehen sich an“, antwortet Sebastian ungerührt, während er aus seinem Sessel aufsteht und die Arme waagerecht zur Seite streckt. „Diese Hände sind positiv geladene Gruppen am Ende bestimmter, in Histonen häufig vorkommender Aminosäure-Seitenketten, die quasi wie Arme aussehen. Stell Dir vor, unterhalb meiner Achseln sei ein DNA-Molekül um meinen Oberkörper geschlungen, dann klappen meine Hände automatisch auf die DNA.“ Sebastian knickt seine Arme an den Ellenbogen ab und schnappt sich links und rechts von seinem Brustkorb ein imaginäres DNA-Molekül.

„Bravo, sehr einprägsam“, applaudiert Piet, während er zu dem theatralisch in der Zimmermitte stehenden Sebastian aufblickt. „Und jetzt komme ich, die Acetyltransferase, und übertrage einen Acetylrest auf Deinen Lysin-Arm – dadurch verschwindet die positive Ladung und Dein Arm gibt die DNA wieder frei!“

„Wow, woher weißt Du denn das plötzlich so genau?“, wundert sich Sebastian.

„Dein Buch liegt hier aufgeschlagen neben dem Tisch, da habe ich eben gespickt“, freut sich Piet[2]. „Vielen Dank erst mal, ich glaube, mir reicht es für heute. Wenn jetzt noch mehr dazukommt, fange ich an, vorne wieder alles zu vergessen.“

„Du hast recht, es war eine ganze Menge, und ich brauche auch ein bisschen Abwechslung, sonst drehe ich bis zum Physikum noch durch.“

„Ich wäre allerdings durchaus an der von Dir vorhin angedeuteten PCR-Verabredung interessiert“, schiebt Piet noch hinterher. „Ließe sich da etwas machen?“

„Ich denke schon, dass ich Maja überreden kann. Wie wäre es, wenn Du morgen Abend nach dem Praktikum vorbeikommst?“

„Abgemacht, bis dann!“

---

[2] Piet wird diesem Thema, der *posttranslationalen Modifikation,* im Zusammenhang mit Abbildung 26 auf Seite 70 noch einmal begegnen.

DNA-Replikation

oder: Wer passt hier zu wem?

gesucht:
Eine Strategie zur informationsgetreuen Vervielfältigung von DNA.

gefunden:
- *semikonservative Replikation (zum Informationserhalt)*
- *Primer und Okazaki-Fragmente (mechanistische Tricks für eine kontrollierbare und unkomplizierte Polymerase-Reaktion)*

Als Piet – wie immer viel zu spät – am nächsten Tag kurz vor Beginn des Praktikums noch schnell einen Blick in das Skript wirft, erlebt er eine unangenehme Überraschung.

„Der Praktikumsversuch heute war eine PCR“, erzählt er ein paar Stunden später Sebastian, der bereits mit Maja auf der leicht zerschlissenen Eckbank in der Wohnheimküche sitzt. Vor ihnen steht ein noch warmer Schokokuchen, der Piets Stimmung sofort aufhellt. „War einigermaßen frustrierend, habe es zwar irgendwie geschafft, meine Unterschrift zu bekommen, aber alles hat furchtbar lange gedauert, und ich hatte keinen Plan, was ich da eigentlich pipettiert habe“, berichtet er zwischen zwei Stücken Kuchen.

„Das passiert jedem mal, selbst einer eigentlich immer gut vorbereiteten Biochemikerin“, versucht Sebastian Piet mit einem stichelnden Blick zu Maja, die bislang geschwiegen hat, wieder aufzubauen.

„Wer im Glashaus sitzt …“, kontert Maja unbeeindruckt. „Wem hat denn auf den letzten Drücker mein Biochemie-Ordner durch die Klausur geholfen, ohne die sich Dein Auslandsjahr nach dem Physikum schon erledigt hätte, bevor es angefangen hat?“

„Nun mal wieder zur Sache“, wechselt Sebastian schnell das Thema und wendet sich Piet zu. „Maja kennst Du jetzt, ihren hervorragenden Kuchen auch, das heißt, es kann losgehen.“

„Die Herren wünschen also eine DNA-Vorlesung?“, fragt Maja, das Kuchenkompliment überhörend und bleibt noch immer unbeweglich und ihre Knie mit den Armen umfassend auf der Bank sitzen.

„Ein PCR-, sagen wir -Workshop würde uns am meisten helfen“, präzisiert Sebastian.

„Dann sollten wir DNA-Replikation gleich mit machen“, schlägt Maja vor, lässt ihre Knie los und rückt sich in Position.

„Das klingt gut, wenn Du etwas aufzeichnen willst, kannst Du gerne gleich meinen Block nehmen“, schlägt Piet vor und schiebt Maja seinen Block und einen Stift entgegen.

DNA-Replikation

„Ok, fangen wir mal mit den ganz grundsätzlichen Dingen der DNA-Replikation an“, beginnt Maja und zeichnet Abbildung 5, während sie fortfährt: „Bei der DNA-Replikation geht es einer Zelle darum, eine DNA-Helix, also einen DNA-Doppelstrang, zu kopieren. Das Ergebnis sind zwei identische Helices, die wie immer aus je zwei Einzelsträngen bestehen. Anschließend kann die Zelle sich dann teilen, also ‚in Mitose gehen‘, wie man so schön sagt, und jede Tochterzelle erhält dann eine Kopie der DNA.“

„Warum hat immer einer der Einzelstränge einen Stern?“, fragt Piet beim Blick auf Abbildung 5.

„Nur zur Unterscheidung der beiden Stränge, weil Du mir nur eine Farbe gegeben hast. Der Strang mit dem Stern ist komplementär zu dem ohne Stern.“

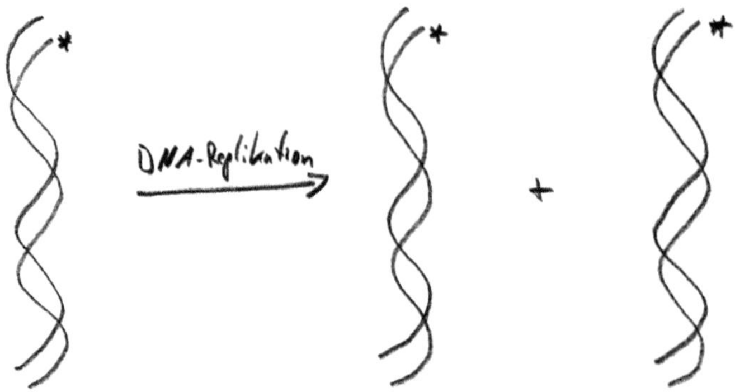

Abbildung 5: DNA-Replikation
Die DNA-Replikation muss zwei identische Versionen eines ursprünglichen DNA-Doppelstrangs produzieren, damit die genetische Information unverändert an Tochterzellen weitergegeben werden kann. Der Stern markiert jeweils einen der komplementären Stränge.

Semikonservative Replikation

„Es sind nun theoretisch zwei Vorgehensweisen der Zelle denkbar, um einen Doppelstrang wie gezeigt zu verdoppeln“, fährt Maja fort und beginnt bereits mit dem Zeichnen von Abbildung 6. „Entweder, die gesamte Ausgangshelix dient als Vorlage, wie zum Beispiel bei einem Bildhauer, der eine Skulptur kopieren will; der zweite Doppelstrang würde dann komplett neu synthetisiert werden, wie mit den gestrichelten DNA-Strängen in Abbildung 6A angedeutet. Oder, zweite Möglichkeit, der ursprüngliche Doppelstrang wird getrennt und zu jedem der beiden Einzelstränge wird der fehlende Gegenstrang neu synthetisiert, siehe Abbildung 6B.“

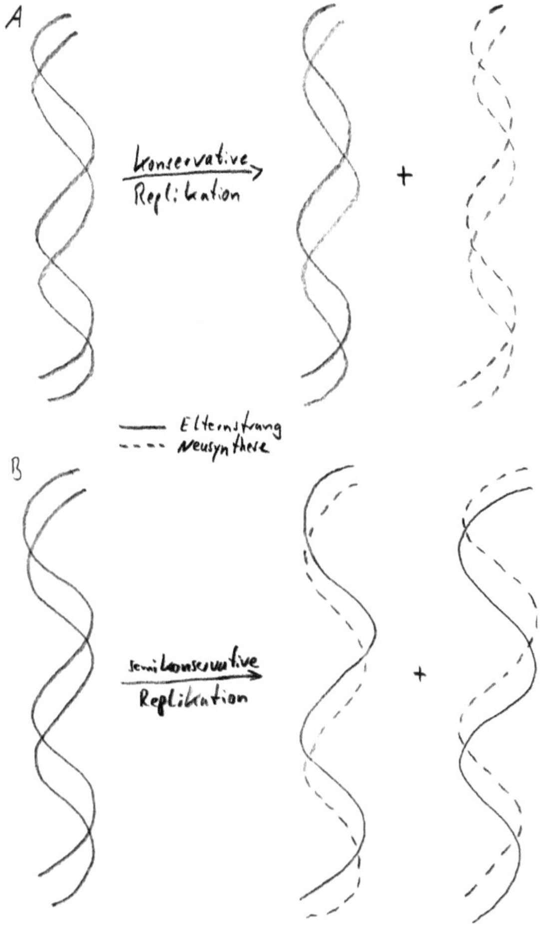

Abbildung 6: Konservative vs. semikonservative DNA-Replikation
Bei der konservativen Replikation (A) bliebe die Ausgangshelix komplett erhalten, ein zweiter Doppelstrang würde komplett neu synthetisiert. Dies wäre mechanistisch aufwändig und kommt deshalb in Zellen nicht vor. Die semikonservative Replikation (B) nutzt die Redundanz der beiden Einzelstränge, indem der Doppelstrang getrennt und anschließend jeder elterliche Einzelstrang um einen komplementären Tochterstrang ergänzt wird.

„Variante B klingt komplizierter", findet Piet etwas erstaunt über diese in seinen Augen spitzfindigen Ausführungen von Maja.

„Auf den ersten Blick sieht es so aus", gibt sie ihm scheinbar Recht, „tatsächlich ist B aber der wesentlich einfachere Weg und auch der einzige, der in Zellen stattfindet. Das liegt daran, dass die Zelle nicht nur einen neuen DNA-Doppelstrang herstellen muss, was einfach wäre, sondern dass am Ende beide Doppelstränge exakt die gleiche Sequenz haben müssen, das heißt die Abfolge der Nukleotide identisch sein muss. Da die Zelle eben kein Bildhauer ist, der einfach nur gucken braucht und dann aus dem Gedächtnis heraus drauflosmeißeln kann, nutzt sie die Eigenschaft der DNA-Stränge, komplementär zueinander zu sein."

Piet erinnert sich an den gestrigen Nachmittag mit Sebastian und daran, dass einer Base in einem Doppelstrang immer nur eine genau festgelegte, andere Base gegenüberliegen kann; einem A ein T und einem T ein A sowie einem C ein G und einem G ein C. „Wenn ich die Sequenz von einem Strang kenne, dann kann ich mir über die Basenpaare den anderen Strang zusammenbasteln!", stellt er erstaunt fest.

„Siehst Du, das hat sich die Zelle auch gedacht und sich deshalb für Variante B entschieden. Sie erhält also pro Tochterstrang einen Elternstrang als Vorlage, die Replikation erfolgt damit ‚halb-erhaltend', man nennt das ‚semikonservativ'."

„So betrachtet macht das in der Tat Sinn."

DNA-Polymerase

„Das Enzym, also der kleine Roboter, der die Arbeit machen muss, heißt *DNA-Polymerase.* Hinten heißt es ‚-ase', weil alle Enzymnamen auf ‚-ase' enden, und ‚Polymerase' heißt es, weil es irgendwelche Dinge polymerisiert. Diese Dinge sind die Nukleotide und deshalb kommt DNA dabei raus. Käme bei der Polymerisation Kunststoff für eine Plastiktüte heraus, hieße das Enzym Tüten-Polymerase oder so ähnlich."

„Es soll ja Orte geben, an denen sich häufiger mal Tüten polymerisieren", wirft Sebastian scheinbar wissend ein, „da ist dann aber immer etwas drin, was komisch riecht, wenn es angezündet wird …"

„Unqualifizierter Beitrag, sechs, setzen", blitzt Maja ihn an. „Die DNA-Polymerase sitzt also auf einem DNA-Strang, greift sich vorbeikommende Desoxynukleotidtriphosphate, also dATP, dGTP, dCTP oder dTTP, und hält sie probeweise an der Stelle an den Einzelstrang, an der das nächste Nukleotid eingefügt werden soll. Wenn sich die richtigen Wasserstoffbrückenbindungen ausbilden, bedeutet das, dass das Nukleotid im Sinne der komplementären Basenpaarung passt. Die DNA-Polymerase kann das neue Nukleotid dann an den DNA-Strang anhängen, den sie gerade synthetisiert. Dies geschieht, wie in Abbildung 7 gezeigt, immer und ausschließlich am 3'-Ende des neuen Strangs. Damit hätten wir alle wichtigen Voraussetzungen beisammen, die die DNA-Polymerase für ihre Arbeit benötigt: Nukleotidtriphosphate, eine freie 3'-OH-Gruppe und einen Strang, den sie verlängern kann."

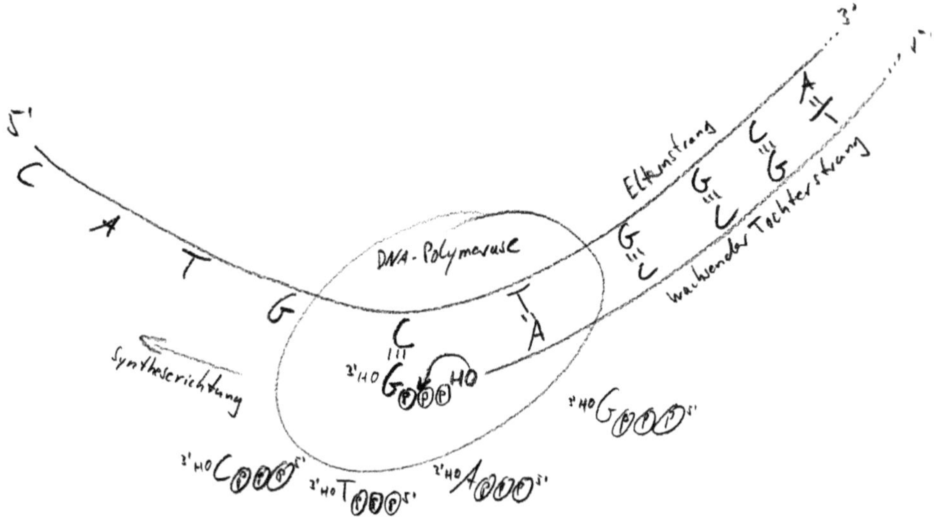

Abbildung 7: DNA-Polymerase während der Replikation
Die DNA-Polymerase benötigt immer einen Startstrang (Primer) mit einem freien 3'-OH-Ende, das sie verlängern kann, indem sie Nukleotidtriphosphate anhängt, die komplementär zum Gegenstrang sind. Aufgrund der Antiparallelität der Stränge bewegt sich die DNA-Polymerase in 3'→5'-Richtung des Elternstrangs, obwohl sie den Tochterstrang in 5'→3'-Richtung synthetisiert. Die Energie für die Reaktion stammt aus der Abspaltung von zwei Phosphatresten pro Nukleotid.

DNA-Syntheserichtung

„Die beiden letzten Punkte sind besonders wichtig: Die Synthese erfolgt durch das Anhängen an die 3'-OH-Gruppe von 5' nach 3', und die DNA-Polymerase kann nicht einfach irgendwo im quasi luftleeren Raum mit der Synthese anfangen, sondern braucht immer einen kleinen Startschnipsel aus ein paar Nukleotiden. Dieser bildet dann mit dem Ausgangsstrang einen kurzen, doppelsträngigen Bereich, den die DNA-Polymerase dann verlängert. Dieser Mechanismus gewährleistet, dass die DNA-

Polymerase nicht unkontrolliert irgendwann irgendwo mit der Replikation beginnt. Der Startschnipsel wird *Primer,* pr-*ai*-mer wie im Englischen gesprochen, genannt – eine deutsche Version gibt es meines Wissens nicht.“

„Wie beginnt denn die Replikation dann irgendwann einmal?“, wirft Sebastian ein, der über diesen Punkt offenbar noch nie nachgedacht hatte.

RNA-Primer

„Es gibt eine RNA-Polymerase, die einfach so anfangen kann und das auch hemmungslos tut. Sie heißt passenderweise *Primase,* ein Name, den man aus irgendwelchen Gründen üblicherweise wieder deutsch ausspricht. Der DNA-Strang, aus dem ein Chromosom besteht, ist ja ziemlich lang, so dass eine einzige DNA-Polymerase Tage brauchen würde, um ihn einmal komplett neu zu synthetisieren. Die Primase setzt deshalb an ganz vielen Stellen ihre RNA-Primer an, die dann jeweils von einer DNA-Polymerase verlängert werden, bis diese dann sozusagen von hinten auf das 5'-Ende des nächsten Primers stößt, wie bei einem Auffahrunfall. Die Verlängerung der Primer erfolgt gleichzeitig, wodurch sich die Zeit, die zur Verdopplung eines großen DNA-Stücks benötigt wird, extrem verkürzt. Ich glaube, mit Abbildung 8 kann man sich das ganz gut vorstellen.“

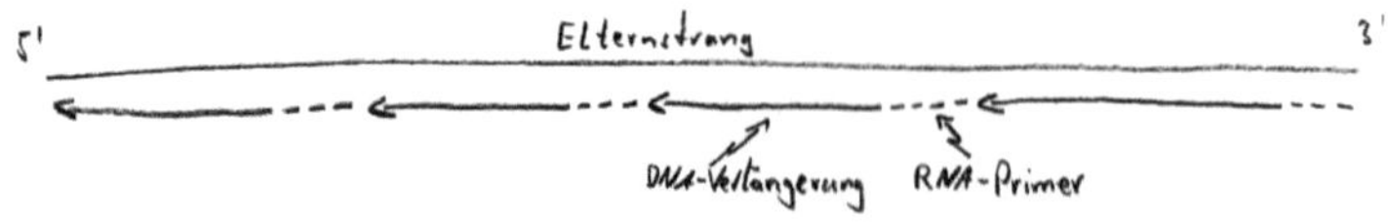

Abbildung 8: Replikation eines Chromosoms
Um die Replikation zu beschleunigen, erfolgt diese an mehreren Stellen eines Chromosoms gleichzeitig. Jeder Teilstrang, der jeweils mit einem eigenen RNA-Primer beginnt, wird von einer eigenen Replikationsmaschinerie synthetisiert.

„Und was passiert mit den vielen RNA-Primern, die müssen doch noch irgendwie raus, oder?“

„Ja, praktischerweise kann die DNA-Polymerase die abbauen[3]. Die Lücken werden durch Verlängerung des davorliegen-

---

[3] Tatsächlich gibt es mehrere Typen von DNA-Polymerasen. Im Bakterium *E. coli* sind es drei verschiedene Proteinkomplexe, die sich die unterschiedlichen Aufgaben teilen: Während die Polymerase III für die eigentliche Replikation zuständig ist, entfernt Polymerase I den RNA-Primer und füllt die Lücken; Polymerase II ist an der Reparatur von Fehlern in der DNA beteiligt. In menschlichen, eukaryontischen Zellen wurden noch mehr DNA-Polymerasen gefunden. Maja beschließt jedoch, Piet und Sebastian diese Details vorzuenthalten.

den Fragmentes geschlossen. Zum Schluss wird das DNA-Rückgrat dort, wo die Fragmente zusammenstoßen, von einer *DNA-Ligase* verbunden."

Telomere

„Das Ganze klappt allerdings nicht am Beginn eines Strangs", ergänzt Sebastian, „denn wenn der Primer dort entfernt wurde, gibt es keinen Strang mit 3'-OH-Gruppe, der in diese Richtung verlängert werden könnte, um die Lücke zu schließen, denn der Strang ist daneben schlicht und ergreifend zu Ende. Am rechten Rand Deiner Zeichnung sieht man das ganz gut. Wenn ich mich recht entsinne, ist das der Grund, weswegen die Chromosomen mit jeder Zellteilung immer kürzer werden und die Zelle sich schließlich nicht mehr weiter teilen kann. In dem Zusammenhang sind dann die Telomere interessant …"

„Wunderbar, bis dahin habe ich es begriffen – war am Ende doch nicht so schwer", unterbricht ihn Piet, „Diese Telomer-Geschichte scheint mir fürs Grundprinzip nicht so wichtig, da könnt Ihr Euch mal zu zweit drüber unterhalten."

„Piet hat Recht", stimmt Maja ihm an Sebastian gewandt zu, „dazu hätte ich dann zu gegebener Zeit noch eine Geschichte über die Replikation von Retroviren beizusteuern, deren Enden …"

„Ich komme drauf zurück", lenkt Sebastian ein und fährt an Piet gewandt fort: „Glaub' aber trotzdem nicht, dass es das schon war. Erzähl ihm von Herrn Okazaki, Maja!"

Okazaki-Fragmente

„Tatsächlich ist es das japanische Ehepaar Okazaki gemeinsam, das die Lösung für ein grundsätzliches Problem vorgeschlagen hat, das bei der DNA-Replikation in einer Zelle auftritt. Eine Polymerase synthetisiert immer nur einen Strang, es müssen im Rahmen der semikonservativen Replikation aber zwei Stränge entstehen. Deshalb lagern sich ganz unkompliziert und ohne ein neues Protein erfinden zu müssen zwei Polymerase-Moleküle zu einem Dimer zusammen, das dann beide Elternstränge gleichzeitig zu je einer kompletten Helix ergänzen soll. Wie wir vorhin gesehen haben, synthetisiert die DNA-Polymerase aber immer nur in 5'→3'-Richtung. Die beiden Einzelstränge einer Doppelhelix verlaufen aber antiparallel, das heißt in entgegengesetzter Richtung. Ein Polymerase-Dimer, das die Helix entlangläuft, kann also nur einen Strang synthetisieren, da der zweite in entgegengesetzter Richtung entstehen müsste, siehe hier." Maja zeichnet Abbildung 9A. Während sie Abbildung 9B ergänzt, fährt sie fort: „Die von den Okazakis vorgeschlagene Lösung, die sich auch als richtig herausgestellt hat, ist, dass der zweite Elternstrang bei der Replikation eine Schlaufe bildet. Dadurch kehrt sich in einem kurzen Teilbereich die Richtung um, so dass die DNA-Polymerase beide Stränge in der gleichen Richtung synthetisieren kann.“

„Das ist zwar pfiffig, aber letztlich doch ein fauler Trick“, gibt Piet zu bedenken. „Wenn die Polymerase weiterwandert, ist die durch die Schleife erkaufte, kurze Parallelität der Stränge bald beendet, das gäbe bestimmt ein großes Chaos und nichts wäre gewonnen!“

„Richtig“, stimmt Maja ihm zu, „deshalb wird der zweite Strang *diskontinuierlich* gebildet. Das bedeutet, die Synthese bricht nach kurzen Abschnitten regelmäßig ab, die Schlaufe wird neu gefasst und schiebt sich in Richtung des ersten Strangs weiter nach vorne und dann beginnt die Synthese eines neuen DNA-Stückchens. Deshalb heißt der erste, durchgehend synthetisierte Strang ‚Leitstrang‘ und der an der Schlaufe stückweise synthetisierte Strang ‚Folgestrang‘. Der Folgestrang wird also aus vielen kleinen Fragmenten zusammengestückelt, den Okazaki-Fragmenten. Sie werden anschließend durch eine DNA-Ligase verbunden, so dass es am Ende zwei vollständige neue DNA-Einzelstränge gibt.“ Maja atmet nach diesen Erklärungen tief durch und zeigt auf die inzwischen fertiggestellte Abbildung 9C.

Replikationsgabel

„In Deiner Abbildung 9C sieht man sehr schön, woher der Begriff ‚Replikationsgabel‘ kommt“, ergänzt Sebastian. „Die beiden neuen Helices gehen wie bei einer Astgabel, in deren Zentrum die DNA-Polymerase sitzt, aus der Elternhelix hervor. Tatsächlich befindet sich dort nicht nur die Polymerase, sondern ein riesiger Enzymkomplex, unter anderem mit der Primase, Enzymen zur Kontrolle der Schlaufe und Enzymen, die die Helix entwinden und die Basenpaare zwischen den Einzelsträngen wie bei einem Reißverschluss trennen. Das würde hier aber zu weit führen, mal ganz abgesehen davon, dass ich es auch nicht genau wüsste.“

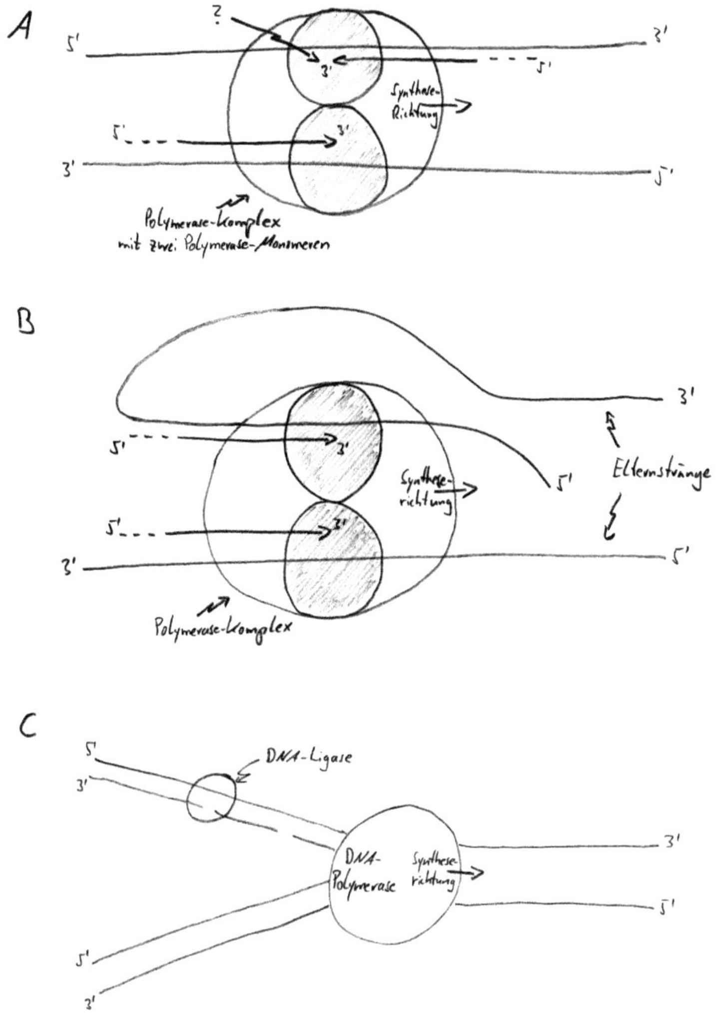

Abbildung 9: Okazaki-Fragmente

Die DNA-Polymerase arbeitet als Dimer, um beide Elternstränge gleichzeitig zu einem neuen Doppelstrang zu ergänzen. Da jede Polymerase nur in 5'→3'-Richtung synthetisieren kann, wäre keine gemeinsame Fortbewegung des Dimers möglich (A). Durch die Umkehr des problematischen Elternstrangs mittels einer Schleife (B), ist eine gemeinsame Syntheserichtung möglich. Da die Schleife regelmäßig neu angelegt werden muss, muss auch die DNA-Synthese an diesem Strang regelmäßig neu beginnen. Das Ergebnis sind die Okazaki-Fragmente (C), die nach ihrer Synthese von einer DNA-Ligase zu einem Gesamtstrang verbunden werden.

„Ganz nett finde ich aber noch den Begriff der ‚Replikationsblase'", fährt Sebastian fort. „Eine Replikationsblase ist die Kombination aus zwei Replikationsgabeln, die einen gemeinsamen Startpunkt haben und dann voneinander weglaufen. In der Realität kommt das nahezu immer vor, denn an jedem der vielen Replikationsstartpunkte auf einem Chromosom, die Maja im Zusammenhang mit der Primase vorhin schon indirekt angesprochen hat, starten gleich zwei Polymerasen beziehungsweise Polymerase-Dimere in entgegengesetzte Richtungen." Sebastian kritzelt Abbildung 10 in Piets Block.

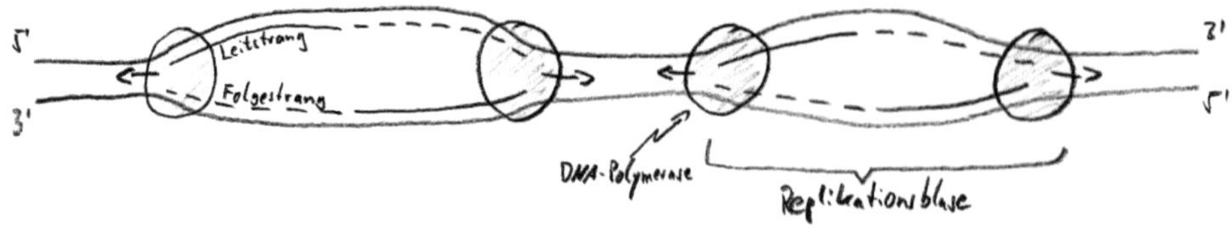

Abbildung 10: Replikationsblasen
Die Kombination von zwei Replikationsgabeln, die sich vom selben Startpunkt wegbewegen, ergeben sogenannte Replikationsblasen oder Replikationsaugen, die von den beiden neuen Helices gebildet werden.

„Wunderbar", freut sich Piet und sammelt die letzten Krümel auf dem mittlerweile geleerten Kuchenteller ein, „das hätten wir erst mal geschafft."

„Was noch fehlt, ist die Nutzung der DNA-Polymerase im Labor, die PCR", fährt Maja unbeeindruckt fort.

„Dafür lasse ich Euch mal alleine", verabschiedet Sebastian sich mit einem Blick auf die Uhr, „muss noch ins Studio. Viel Erfolg!"

„Nun gut", nimmt Piet das Thema wieder auf, nachdem sich die Küchentür hinter Sebastian geschlossen hat, „ein paar Grundbegriffe zur PCR habe ich von heute Vormittag behalten, das kann ich ja mal erzählen."

Piet ist sich noch nicht ganz sicher, wie er zu dem plötzlichen Verschwinden von Sebastian stehen soll, aber Maja nimmt ihm die Entscheidung mit einem auffordernden „Dann schieß doch mal los!" ab.

PCR

„Also", beginnt Piet, während er sich fragt, ob die Atmosphäre nach Sebastians Verschwinden plötzlich etwas entspannter geworden ist, „PCR steht für *polymerase chain reaction*, Polymerase-Kettenreaktion. Es ist eine Labormethode zur Vervielfältigung von DNA mittels einer DNA-Polymerase."

„Was braucht man denn dazu außer der DNA, die man vervielfältigen will, und der DNA-Polymerase?", fragt ihn Maja.

Piet blättert in seinem Block ein paar Seiten nach vorne. „Nukleotidtriphosphate und, aha, Primer! Alles klar – deshalb hieß es, dass man zumindest den Beginn und das Ende der Sequenz kennen muss, um eine PCR durchführen zu können. Du meintest ja vorhin, dass die DNA-Polymerase immer einen Primer braucht, weil sie sonst nicht starten kann!"

„Na wunderbar, dann ist ja schon etwas hängengeblieben", freut sich Maja. „Lass uns aber nochmal langsam anfangen, denn der Teufel steckt im Detail und dem stehst Du spätestens im Physikum gegenüber. Zeichne doch bitte mal auf, was passiert, wenn man eine PCR durchführt."

Piet zeichnet Abbildung 11 und erläutert: „Es gibt eine Ausgangs-DNA, die man auch *template* nennt; das kann ein Stück eines Chromosoms sein oder ein bakterielles Plasmid – ganz egal, Hauptsache eine DNA. Dann braucht man zwei Primer, also zwei kurze DNA-Einzelstränge, die komplementär sind zu der Sequenz links und rechts von dem Bereich, den man vervielfältigen möchte. Üblicherweise sind die Primer für eine PCR etwa 20 Nukleotide lang. Sie binden dann, wie ich hier gezeichnet habe, an die DNA, und die zugegebene Polymerase vervielfältigt dann den Bereich dazwischen."

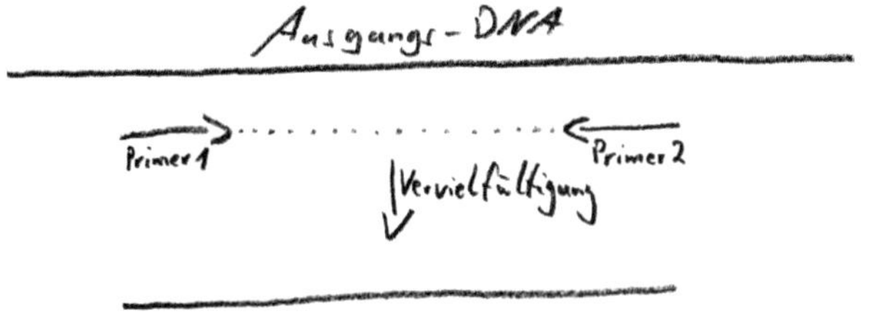

Abbildung 11: Überblick über eine PCR
Bei einer PCR wird ein definierter Bereich einer Ausgangs-DNA *(template)* vervielfältigt. Dazu werden zwei einzelsträngige Primer so ausgewählt, dass sie den zu vervielfältigenden Bereich des Ausgangs-Doppelstrangs flankieren und ihre 3'-Enden (Pfeilspitzen) zueinander gerichtet sind. Der dazwischenliegende Bereich (gepunktet) wird von der zugegebenen Polymerase mit Nukleotiden anhand der Ausgangs-DNA ergänzt. Das Ergebnis ist ein DNA-Fragment, das dem Abschnitt der Ausgangs-DNA entspricht, der mit dem einen Primer beginnt und mit dem anderen aufhört (durchgezogener Strich unten; zum tatsächlichen Mechanismus s. folgende Abbildungen).

„Das klingt doch schon ganz gut“, lobt ihn Maja, „es beschreibt, was am Ende dabei rauskommt: Der Bereich zwischen den Primern – genau genommen inklusive der Primer – wird in großer Menge vervielfältigt. Üblicherweise vermehrt man das DNA-Stück um einen Faktor von mindestens einer Million. Deshalb wird die Methode auch zur Spurensicherung in der Kriminalistik verwendet. Ein einziges DNA-Fragment einer Haarwurzelzelle kann damit beliebig vermehrt und dann ausgiebig analysiert werden. Die Frage ist nun, wie genau funktioniert das im Detail? Weißt Du, warum während der Reaktion ständig die Temperatur geändert wird?“

„Nein, nicht wirklich“, räumt Piet ein, freut sich aber trotzdem darüber, dass er mit seiner Grundsatzbeschreibung vor Maja bestanden hat.

Primer-Orientierung

„Die Ausgangs-DNA, die Du in Abbildung 11 gezeichnet hast, ist natürlich ein Doppelstrang“, beginnt Maja bedächtig, um sicherzugehen, dass keine ihrer folgenden Aussagen unter den Tisch fällt. Piet ahnt in diesem Moment noch nicht, dass ihm die größte Hirnverknotung des Tages kurz bevorsteht. Maja zieht seinen Block wieder zu sich herüber und beginnt, Abbildung 12 zu zeichnen, um das Gesagte noch besser zu veranschaulichen. „Jeder der Primer hat – wie jedes gute DNA-Stück – eine Richtung, das hast Du in Abbildung 11 schon mit den Pfeilen angedeutet. Der Pfeil zeigt wie immer in 5'→3'-Richtung. Das heißt zum einen, dass jeder Primer am Pfeilende verlängert wird, denn dort ist das 3'-OH. Zum anderen bedeutet es, dass aufgrund der Komplementarität zu den antiparallelen Einzelsträngen die Primer nicht auf dem gleichen Strang liegen können, wenn sich die Pfeilspitzen angucken sollen.“ Maja zeichnet in Abbildung 12 je einen Primer an einen der Einzelstränge.

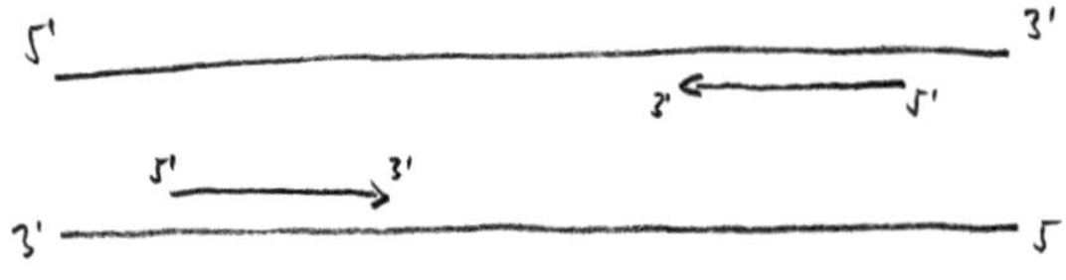

Abbildung 12: Orientierung der PCR-Primer
Da die 3'-Enden der beiden PCR-Primer einander zugewandt sein müssen, müssen die Primer an unterschiedliche Stränge binden. Durch die Komplementarität entspricht die Sequenz des ersten Primers (links in der Abbildung) dem oberen Strang, d. h. der kodierenden Sequenz (s. Abbildung 17, S. 52), die Sequenz des zweiten Primers (rechts in der Abbildung) entspricht dem Gegenstrang, ist also komplementär zur kodierenden Sequenz.

„Stopp mal eben, ich muss das kurz nachvollziehen“, unterbricht Piet. „Die Pfeilspitzen, das heißt die 3'-OH-Enden der Primer müssen sich angucken, denn nur dann kann die DNA-Polymerase das Stück dazwischen synthetisieren – klar. Ein Primer ist ein kurzer DNA-Einzelstrang, der sich antiparallel mit einem anderen Einzelstrang paaren kann. Da im oberen Einzelstrang das 3'-Ende rechts ist, muss es beim zugehörigen Primer links sein. Da der untere Einzelstrang antiparallel zum oberen ist, ist sein 3'-Ende genau entgegengesetzt, nämlich links. Deshalb ist dann das 3'-Ende des zugehörigen Primers rechts. Das ist soweit auch klar. Interessant eigentlich, dass man in der Zeichnung nur die Bezeichnung eines beliebigen Endes festlegen muss und sich dann alles andere logisch ergibt!“

„Ja, das stimmt. Überleg' doch nochmal, was für Sequenzen die Primer jetzt haben müssen!“

„Damit die Pfeile aufeinander und nicht voneinander weg zeigen, muss der untere, linke Primer die Startsequenz des zu vervielfältigenden Stücks haben und der obere, rechte Primer muss komplementär zur Endsequenz sein.“

„Herzlichen Glückwunsch, das war nicht schlecht!“ In Majas Stimme scheint echte Anerkennung mitzuschwingen.

„Wie können aber die Primer an die Einzelstränge binden“, will Piet wissen, „letztere sind doch Bestandteil der Doppelhelix und schon gegenseitig aneinander gebunden, so dass für die Primer gar kein Platz mehr ist?“

PCR-Zyklen

„Das ist der Grund, warum die PCR-Reaktion auf 95 °C erhitzt wird. Dabei lösen sich die beiden Stränge voneinander. Anschließend wird abgekühlt und zwar bis zur *Annealing*-Temperatur, das ist die Temperatur, bei der die Primer optimal an die Einzelstränge binden. Sie ist im Wesentlichen von der Beschaffenheit der Primer und dem Reaktionspuffer abhängig und liegt üblicherweise in der Größenordnung von 50 °C bis 65 °C. Dann wird die Temperatur auf ca. 72 °C erhöht, weil das das Temperaturoptimum der DNA-Polymerase ist. Diese Phase heißt Elongationsschritt.“

„Ich dachte immer, Enzyme hätten ihr Temperaturoptimum ungefähr bei Körpertemperatur?“

Thermostabile Polymerase

„Kommt eben darauf an, wessen Körper“, lacht Maja, „für menschliche Enzyme sind das in der Tat 37 °C, aber die würden schon das Erhitzen auf 95 °C nicht überstehen. Deshalb ist es ein besonderer Trick bei der PCR, die DNA-Polymerase von

Bakterien einzusetzen, die in heißen Quellen leben, denn die können so hohe Temperaturen problemlos ab."

„Genial! Aber wenn die Polymerase die Primer jetzt verlängert, dann stoppt sie doch nicht beim zweiten Primer, weil der jetzt auf dem ganz anderen Einzelstrang liegt. Es wird dann doch wesentlich mehr als das gewünschte Stück zwischen den Primern synthetisiert?"

„Genau richtig, die Polymerase stoppt aus genau dem Grund in der Tat nicht. Die meisten Leute machen sich das nicht klar, aber es ist tatsächlich so. Du wirst aber gleich sehen, warum man am Ende praktisch doch nur das Fragment zwischen den Primern erhält. Hier ist Abbildung 13. Schritt 1 ist die Ausgangssituation aus Abbildung 12, die Verlängerung der beiden Primer, die Du eben beschrieben hast, ist gestrichelt angedeutet. Die Fragmente sind länger als das eigentlich gewünschte Stück, brechen aber auch irgendwann ab, weil die Ausgangs-DNA zu Ende ist, beziehungsweise weil die Elongationsphase nur eine bestimmte Zeit dauert, größenordnungsmäßig etwa eine Minute. Dann beginnt ein neuer PCR-Zyklus, das heißt, es wird wieder auf 95 °C erhitzt und alle zuvor gepaarten Einzelstränge trennen sich. Es folgt die Annealing-Phase und alle passenden Bereiche werden wieder mit einem Primer besetzt. Das Ergebnis ist unter Schritt 2 gestrichelt eingezeichnet."

„Ok, jetzt verstehe ich – es folgt der nächste Elongationsschritt und die DNA-Polymerase verlängert wieder die Primer. In der Hälfte der Fälle ist der Ausgangs- beziehungsweise Matrizenstrang einer, der im vorherigen Zyklus synthetisiert wurde. An dessen Ende, das im vorherigen Zyklus der Anfang war, fällt die Polymerase ins Leere, wodurch tatsächlich nur das gewünschte Stück zwischen den Primern entsteht." Piet ergänzt Schritt 3 in Abbildung 13.

„... und dann geht das Spiel wieder von vorne los. Alle Stränge werden wieder getrennt, die Primer lagern sich an, werden verlängert und so weiter. Wie man sieht, verdoppelt sich mit jedem Zyklus die Menge der DNA-Fragmente, deshalb nennt man es Kettenreaktion. Nach zehn Zyklen sind also aus einer Ausgangs-DNA $2^{10} = 1024$ Fragmente geworden. Nach 25 Zyklen, einer typischen Anzahl, sind es theoretisch 2^{25}, das sind mehr als 33 Millionen. Bist Du einer dieser begeisterten Computer-Spieler? Sagt Dir 2^{24} etwas?"

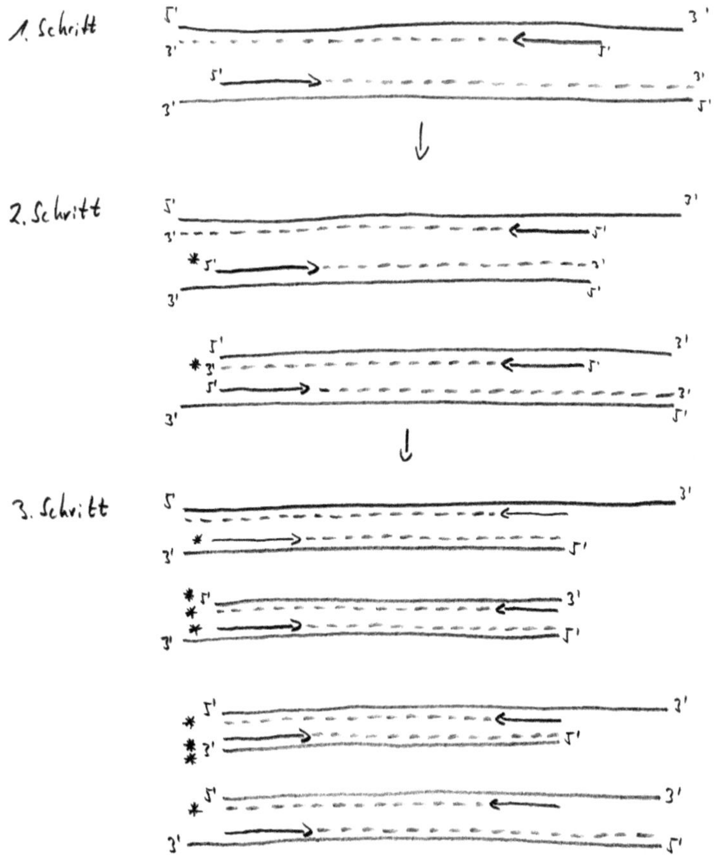

Abbildung 13: PCR-Schritte
Erst im zweiten Schritt einer PCR entstehen die ersten der gewünschten Fragmente (in der Abbildung mit einem Stern gekennzeichnet). Ihre Anzahl nimmt jedoch im weiteren Verlauf exponentiell zu. Dadurch liegen sie nach den typischerweise 20 bis 30 PCR-Schritten in extremem Überschuss gegenüber den nur linear vervielfältigten, längeren Fragmenten vor.

„Klar, das ist *True Color,* 16,77 Millionen Farben!“, da ist Piet in seinem Element.

„Siehst Du, das ist die Größenordnung. Bei jedem Zyklus entstehen auch die von Dir vorhin angesprochenen längeren Fragmente. Wie man aber mit einem Blick auf unsere Abbildung sieht, wächst ihre Anzahl sehr viel langsamer, nach 25 Zyklen sind pro ursprünglichem Einzelstrang nur 25 solcher Fragmente entstanden, also ist etwa ein Millionstel aller Fragmente zu lang, das fällt in der Praxis kaum auf."

„Nicht schlecht, hab' ganz vielen Dank für Deine Mühe", bedankt sich Piet, „mir schwirrt jetzt zwar ziemlich der Kopf, aber ich glaube, ich habe es verstanden!"

„Gerne, das freut mich – der nächste Kuchen könnte ja von Dir kommen", schlägt Maja mit einem Blick auf den mittlerweile wieder ganz blanken Teller vor. „Sebastian und ich wollten uns nachher noch zum Kino treffen, es sind schließlich bald Semesterferien – hast Du Lust mitzukommen?"

„Was läuft denn?", fragt Piet, während die beiden aufstehen und zur Tür gehen.

„‚Der Angriff der Killernukleasen'", grinst Maja, aber bevor sie den richtigen Titel sagen kann, ist Piet schon mit einem „Ich werde da sein!" entschwunden.

Proteinbiosynthese I: Transkription

oder: Organisation ist das halbe Leben

gesucht:

Ein System zur effizienten Synthese großer Proteinmengen von einem einzigen DNA-Molekül.

gefunden:

- *mRNA als Proteinblaupause im Zytosol (reduziert die Aktivität an der DNA im Zellkern)*
- *Promotoren und Sequenzen zur Transkriptionsregulation (kennzeichnen die benötigten DNA-Abschnitte)*

Der Film am Abend war in Piets Augen wenig mitreißend gewesen. Die Vorahnung dazu war ihm schon in der Kassenschlange gekommen, als er festgestellt hatte, dass es sich um ein überwiegend weibliches Publikum handeln würde. Dementsprechend erwartungsgemäß hatte Maja, eingerahmt von Sebastian und Piet, die Vorstellung offenbar sehr genossen, und Piet war überrascht festzustellen, dass genau das auch ihm den Abend lohnenswert erscheinen ließ.

Zuhause angekommen, wartete jedoch schon wieder die Realität in Form seines Terminplans auf ihn. „Warum fällt mir wieder mal erst nachts um elf Uhr auf, dass wir morgen ein Kolloquium haben?"

„Transkription <Enter>", tippt Piet in das Suchfeld seines Internetbrowsers ein. „Ungefähr 459000 Ergebnisse", meldet die Suchmaschine prompt. „Warum eigentlich ‚ungefähr'?", fragt Piet sich beim Lesen dieser Meldung wieder einmal. „Entweder, es wurde vernünftig gesucht und alles gefunden – dann sollte es auch ausgegeben werden –, oder es wurde Pi mal Daumen geschätzt – das wäre für eine Suchmaschine allerdings bedenklich. Gut, andererseits sollten ungefähr 459000 Treffer vielleicht reichen, um einen Überblick über die Sache zu bekommen." Piet beginnt, mit schweren Augen die kurzen Texte zu überfliegen, die zu den einzelnen Treffern angezeigt werden: „Die Transkription ist der erste Schritt der Proteinbiosynthese … Bei der Transkription wird ein DNA-Abschnitt in eine RNA umgeschrieben … die Transkription von ‚großer

Fisch' lautet *rm* ꜣ*j* in ägyptologischer … die Transkription klösterlicher Handschriften ins Hochdeutsche …"

mRNA-Synthese

„Konzentrier' Dich, Piet, das hat nichts mehr mit dem Thema zu tun." Piet klickt auf den ersten Treffer. Es öffnet sich Abbildung 14 und folgender Text: „Die Transkription ist der erste Schritt der Proteinbiosynthese, in deren Verlauf die Information des DNA-Genoms zur Synthese eines Proteins genutzt wird. Zunächst wird die Information der DNA auf ein RNA-Molekül umgeschrieben (Transkription der DNA), es entsteht eine prä-mRNA. Bereiche der prä-mRNA, die für die Produktion des Proteins nicht erforderlich sind (Introns), werden durch das Spleißen entfernt, es verbleiben lediglich die Exons, die u. a. kodierend für die Aminosäuren des Proteins sind. Die auf diese Weise gereifte mRNA verlässt den Zellkern und trifft im Zytosol auf Ribosomen. Diese führen die eigentliche Proteinsynthese nach den Informationen der mRNA durch (Translation der mRNA)."

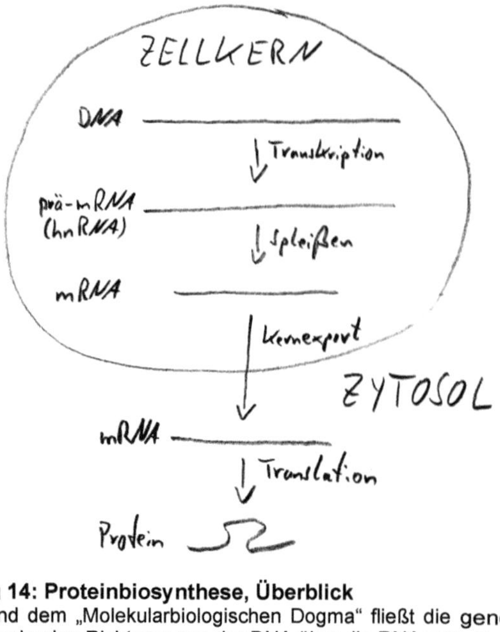

Abbildung 14: Proteinbiosynthese, Überblick
Entsprechend dem „Molekularbiologischen Dogma" fließt die genetische Information nur in eine Richtung: von der DNA über die RNA zum Protein. DNA wird zu prä-mRNA transkribiert, diese zur reifen mRNA gespleißt, welche aus dem Kern ins Zytosol exportiert und dort am Ribosom in ein Protein translatiert wird.

„Das ist ja schon mal eine schöne Zusammenfassung, wird aber für morgen noch nicht ganz ausreichen“, denkt Piet und klickt auf den zweiten Treffer, der sich ausschließlich mit dem Aspekt der Transkription zu beschäftigen scheint.

„Bei der Transkription wird ein DNA-Abschnitt in eine RNA umgeschrieben“, beginnt die Seite wie erwartet. „Da die spätere Proteinbiosynthese im Zytosol stattfindet, muss die Information der DNA aus dem Zellkern heraustransportiert werden. Dies geschieht durch die Synthese von *messenger*-RNA, kurz mRNA. Eine mRNA wird auch als ‚Transkript eines Gens‘ bezeichnet.“

Genstruktur

„Was ist ein Gen eigentlich genau?“, fragt sich Piet und klickt auf den Begriff, hinter dem sich ein weiterer Link verbirgt. Die zugehörige Seite öffnet sich zusammen mit Abbildung 15 in einem neuen Fenster: „Ein Gen ist ein Abschnitt der DNA, der eine Informationseinheit zur Herstellung eines Proteins bildet. Seine Hauptbestandteile sind ein Promotor, der für den Start der Transkription erforderlich ist, Introns und Exons sowie ein Signal zum Stopp der Transkription, das mit einem Signal zur Polyadenylierung des 3'-Endes der mRNA kombiniert ist. Intron-Bereiche werden später aus der RNA entfernt, während die Exons den genetischen Code enthalten, der in aufeinander folgenden Blöcken (Tripletts) aus je drei Nukleotiden die Abfolge der Aminosäuren des Proteins kodiert. (Tripletts aus vier verschiedenen Nukleotiden ergeben $4^3 = 64$ Kombinationsmöglichkeiten für nur 20 benötigte Aminosäuren, d. h. der Code ist redundant oder degeneriert.)“

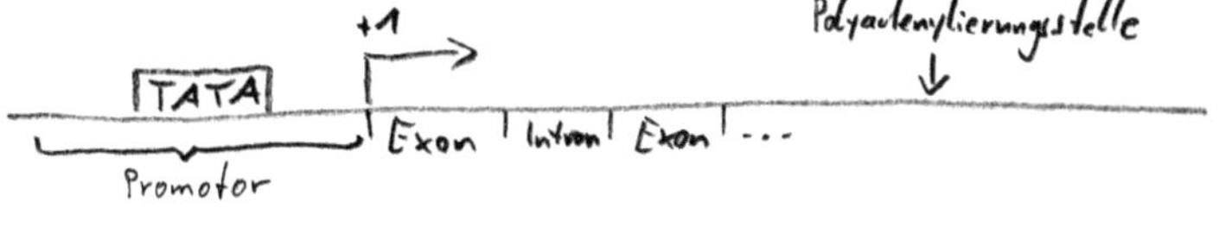

Abbildung 15: Genstruktur

Ein Gen besteht aus einem Promotor, dessen charakteristischer Bereich bei Eukaryonten die TATA-Box ist. Die Transkription beginnt dahinter, „stromabwärts“, am Transkriptionsstartpunkt. Das erste Nukleotid, das transkribiert wird, wird mit „+1“ bezeichnet. Es folgen die Nukleotide, die während des späteren Spleißvorgangs in Exons und Introns unterschieden werden. Die Transkription endet an einem Polyandenylierungssignal, das dafür sorgt, dass an das 3'-Ende der neu synthetisierten RNA eine Kette von Adenin-Nukleotiden angehängt wird. Dieser „PolyA-Schwanz“ ist also nicht durch eine komplementäre PolyT-Sequenz in der DNA kodiert.

Strang-Orientierungen

Klick – Piet ist mit der Auskunft zufrieden und kehrt zur Seite über Transkription zurück: „Die RNA-Polymerase II bindet, unterstützt von einer Reihe weiterer Proteine, an den Promotor eines Gens und beginnt am Transkriptionsstart mit der Synthese einer RNA. Die RNA ist einzelsträngig und analog zur Synthese eines neuen DNA-Strangs komplementär zu ihrer Vorlage.“ Es folgt eine längere Erklärung zur Definition der diversen Stränge, derer Piet erst Herr wird, nachdem er sich Abbildung 16 gezeichnet hat.

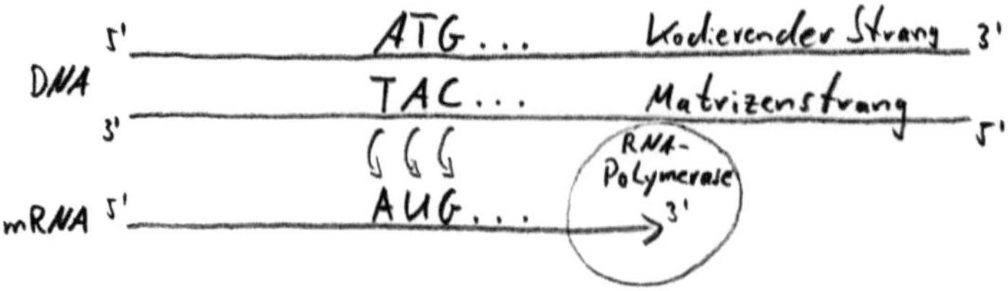

Abbildung 16: RNA-Synthese
Die DNA-Einzelstränge sind so bezeichnet, dass die Sequenz des „kodierenden Strangs“ der mRNA-Sequenz entspricht. Dies ist sinnvoll, weil dadurch manuelle Translationen per Codontabelle oder Sequenzsuchen in Datenbanken sowohl mit DNA- als auch mit mRNA-Sequenzen durchgeführt werden können, ohne dass eine von beiden in die komplementäre Sequenz überführt werden muss. Diese Definition hat ebenfalls zur Folge, dass die tatsächliche Transkription der mRNA am komplementären „Matrizenstrang“ erfolgt und der kodierende Strang von der RNA-Polymerase gar nicht verwendet wird.

„Man definiert der Einfachheit halber die Stränge so, dass die RNA-Sequenz dem kodierenden Strang der DNA entspricht“, resümiert Piet in Gedanken. „Weil die Synthese immer komplementär erfolgen muss, muss also der untere DNA-Strang die Synthesevorlage sein, dann bekommt die RNA automatisch die gleiche Richtung und Sequenz wie der kodierende Strang – das hätte man doch auch in weniger als einer Seite beschreiben können ...“

Spleißen

„Spleißen“, Piet überfliegt den nächsten Abschnitt: „Die zunächst synthetisierte RNA ... heißt auch hnRNA oder prä-mRNA ... enthält Introns, die für die Proteinsynthese nicht benötigt werden. ... Introns werden durch den Spleißvorgang herausgeschnitten, es verbleiben die Exons ... bei alternativem Spleißen werden wahlweise einzelne Exons mit entfernt, dadurch entstehen unterschiedliche Proteinvarianten ... Ergebnis des Spleißens ist die mRNA, die aus dem Kern heraus ins Zytosol gebracht wird. Sie erhält bei Eukaryonten als Schutz gegen zu schnellen Abbau eine 5'-Cap-Struktur und einen 3'-PolyA-Schwanz, bestehend aus einer langen Kette von Adenin-Nukleotiden."

„Gut, das sollte dazu erst mal reichen", denkt Piet mit einem Blick auf die Uhr und macht sich eine gedankliche Notiz, bei Gelegenheit Maja zu den Hintergründen zu befragen. Obwohl er einigermaßen erfreut darüber ist, dass diese Schnellvorbereitung auf den morgigen Tag weniger lange gedauert hat, als zunächst befürchtet, beschließt Piet, sich zukünftig rechtzeitiger vorzubereiten. Und noch etwas beschließt er, als er kurze Zeit später im Bett liegt und den Tag Revue passieren lässt: Er wird ins Wohnheim ziehen.

Proteinbiosynthese II: Translation

oder: Bausteine des Erfolgs

gesucht:
Ein Verfahren zur einfachen Konstruktion von Proteinen anhand von mRNA-Informationen.

gefunden:
- *Proteine als lineares Aminosäure-Polymer (analog zur linearen mRNA)*
- *tRNAs als Adapter zwischen Nukleotiden und Aminosäuren*

Durch eine glückliche Fügung musste Piet nicht lange warten, um seinen Entschluss, ins Wohnheim zu ziehen, in die Tat umzusetzen. Eine Kommilitonin von Maja hatte kurzfristig eine Zusage für einen Studienplatztausch erhalten, und Maja hatte es irgendwie geschafft, dass Piet ihr Zimmer übernehmen konnte. Zwei Wochen sind seit dem Umzug mittlerweile vergangen, als Piet – nicht zum ersten Mal – mit dem umfangreichen Kochbuch, das er von Maja, Sebastian und Thomas zum Einzug bekommen hat, in der Küche am Herd steht.

„Die Rezepte sind immer für vier Personen angegeben – erspar' Dir einfach das Runterrechnen, wir kommen gerne!", haben sie ihm auf die erste Seite geschrieben und so sitzen sie 20 Minuten später alle vier um eine dampfende, selbstgemachte Lasagne herum. „Du kochst sogar noch besser als Deine Mutter", lobt Thomas zwischen zwei Bissen, „Du hättest schon viel früher herziehen sollen!"

„Wenn ich gewusst hätte, was mich hier erwartet – ich hätte es vielleicht sogar getan", schmunzelt Piet in sich hinein, verhindert eine Vertiefung des Themas jedoch mit einem besonders großen Stück Lasagne.

„Wohin soll es eigentlich in Deinem Auslandsjahr gehen?", fragt Thomas an Sebastian gewandt.

„Nach Barcelona …"

„… in eine Klinik mit direktem Strandzugang?", fällt Maja Sebastian ins Wort.

„Kannst mich ja mal besuchen kommen und es herausfinden – glaub' aber nicht, dass Du Sonderkonditionen bekommst!"

„Mich würde auch mehr die Architektur von Gaudí interessieren. Ich finde es absolut faszinierend, wie er seine Entwürfe an Strukturen in der Natur orientiert hat und sich dadurch auch gleich noch ihre Effizienz zunutze gemacht hat, zum Beispiel in der Statik", pariert Maja die Retourkutsche.

„Glaubst Du, dass die Natur, oder im biologischen Kontext die Evolution, effizientere Lösungen finden kann als der moderne Mensch mit seiner Technik?", fragt Thomas.

„Das kommt ein bisschen darauf an", erwidert Maja und ihr neckischer Unterton weicht spürbarem Interesse am Thema. „Ein paar Dinge sind sicher schwierig. Zum Beispiel glaube ich aus biophysikalischen Gründen nicht, dass ein Organismus statt Beinen plötzlich Räder entwickelt, obwohl das in einigen Situationen vielleicht vorteilhaft wäre."

„Eine interessante Überlegung", wirft Sebastian ein. „Zwischen einem biologischen Rad und seiner Nabe könnte es aufgrund der Drehung keine Verbindung mit Blutgefäßen oder Nervenbahnen geben. Das Rad müsste deshalb ein eigener Organismus sein, dann würde es gehen, denn eine Radaufhängung wäre ja mit einer Art Knorpelgewebe durchaus denkbar. Wenn man das so zu Ende denkt, stellt sich die Frage, ob es zweigeteilte Organismen gibt? Man würde meinen, natürlich nicht – aber ist das wirklich so? Was sind auf diesem Hintergrund eigentlich Organismen, die in Symbiose leben?"

„Bevor Du jetzt in ein schizophrenes Wechselspiel mit Deinen Endosymbionten eintrittst, würde ich gerne mal einen Test zum Thema Translation mit dem Ingenieur hier im Raum machen", bricht Maja ihn ab, und es tut ihr im gleichen Moment leid, denn sie hat plötzlich das Gefühl, dass Sebastian womöglich einen viel relevanteren Punkt am Wickel hatte, als sie zunächst dachte. „Nehmen wir einmal an, Thomas", fährt sie dennoch mit ihrem Gedankengang fort, „Du hättest einen Haufen Legosteine in verschiedenen Farben und eine Bauanleitung für einen einfachen Turm, der sich ergibt, wenn Du die Steine einfach direkt aufeinander steckst. Die Bauanleitung ist eine Liste mit Farben, die in der angegebenen Reihenfolge verbaut werden sollen. Wie würdest Du vorgehen?"

Thomas ahnt, dass Maja ihn vermutlich gerade aufs Glatteis lockt, aber er findet den Haken nicht und beschließt deshalb, die naheliegende Antwort zu geben: „Nun ja, ich würde die Liste abarbeiten und immer einen Stein mit der als nächstes angegebenen Farbe auf den wachsenden Turm stecken."

„Die Natur macht es in einem ganz ähnlichen Beispiel genau andersherum, sie steckt den neuen Stein nämlich nicht oben drauf, sondern schiebt ihn unten drunter. Das macht auch Sinn, weil", Maja gerät ins Stocken, „Mist, ich glaube, ich habe die Pointe versaut."

„Nun mal ganz ruhig", schaltet Sebastian sich ein, „was willst Du uns eigentlich sagen, Maja?"

Ribosomale Proteinsynthese

„Ich wollte auf die Translation der mRNA hinaus. Das Ribosom, die Synthesemaschine der Natur für Proteine, bindet die mRNA im Bereich der 5'-Cap-Struktur. Ab dem Startcodon beginnt dann in Form von Basentripletts die Liste der Aminosäuren, die in der angegebenen Reihenfolge aneinandergehängt werden müssen. Soweit ist alles genauso wie bei den Legosteinen in meinem Beispiel, aber ich hatte vergessen zu erwähnen, dass es natürlich wieder eine Richtung gibt: Die mRNA verläuft wie gehabt vom 5'-Ende zum 3'-Ende, und eine Aminosäurekette, also jedes Protein, verläuft vom N-Terminus zum C-Terminus …"

„… denn genau wie jedes Nukleotid ein 5'- und ein 3'-Ende hat, hat jede Aminosäure einen N-Terminus, nämlich die stickstoffhaltige Aminogruppe, und einen C-Terminus, die kohlenstoffhaltige Säure- oder auch Carboxylgruppe", knüpft Piet an das an, was er Thomas vor einigen Wochen über die Richtung von Nukleinsäureketten erzählt hat (vgl. S. 11).

Syntheserichtung

„N steht für Stickstoff und ein C für den Kohlenstoff in der Carboxylgruppe? Das ist ja gut zu merken", freut Thomas sich, „Amino-Säure, N→C! Dann entspricht die hubbelige Seite des Legosteins, die beim Nukleotid das 5'-Ende war, bei einer Aminosäure dem N-Terminus und die Löcher unten dem C-Terminus. Ich stecke mehrere Steine zusammen und habe einen Turm beziehungsweise ein Protein. Trotzdem habe ich immer noch genau eine Hubbelseite und am anderen Ende einmal Löcher, das heißt, auch jedes Protein hat einen N-Terminus und einen C-Terminus."

„Nicht schlecht für einen Ingenieur", staunt Sebastian. „Das Zusammenstecken entspricht übrigens der Bildung einer Peptidbindung, das ist bei Proteinen die Entsprechung zur Phosphorsäurediesterbindung im Phosphatrückgrat der Nukleinsäuren."

„Das habe ich ihm schließlich erklärt, kein Wunder, dass er das noch weiß!", wirft Piet sich in die Brust.

„Und genau das hatte ich vorhin vermasselt", fährt Maja, wieder an Thomas gewandt, fort, „weil ich nicht gesagt habe, dass der Legoturm die gleiche Richtung haben soll wie die mRNA und damit letztlich auch wie die DNA." Maja zieht zur Unterstützung ihrer Worte mit der Gabel durch die auf ihrem

Teller verbliebene Lasagne-Soße und mit etwas Phantasie kann man Abbildung 17 erkennen.

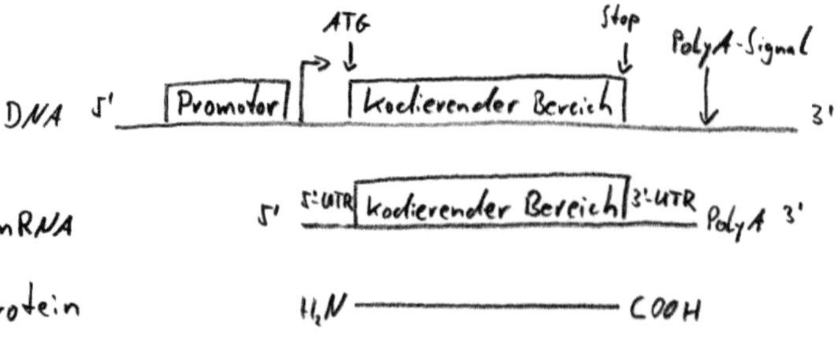

Abbildung 17: DNA-, mRNA- und Proteinorientierung
DNA und mRNA sind in 5'→3'-Richtung orientiert, beim daraus entstehenden Protein entspricht das einer Orientierung vom N- zum C-Terminus. Die DNA enthält den nicht transkribierten Promotor-Bereich, in der mRNA wird der kodierende Bereich am 5'- und 3'-Ende von *untranslatierten Regionen (UTRs)* flankiert. Aus Gründen der Übersichtlichkeit enthält der kodierende Bereich in diesem Beispiel keine Introns. Es ist zu beachten, dass Start- und Stopcodon erst im Rahmen der Translation relevant werden, wenn das Ribosom beginnt, die Basen als Tripletts zu interpretieren.

„Deshalb jedenfalls muss der neue Stein immer von unten unter den Turm gesteckt werden, also mit anderen Worten muss der Turm mit seinen freien Löchern am Fuß immer auf die Hubbel des neuen Steins gesteckt werden."

„Das ist genau das Bild, das man in Biochemiebüchern immer findet, auf dem zu sehen ist, wie das wachsende *P*rotein von der *P*-Stelle im Ribosom auf die neue *A*minosäure in der *A*-Stelle draufgesetzt wird", ergänzt Sebastian.

„Das Ribosom liest die mRNA eben von vorne nach hinten, von 5' nach 3', ab, das heißt, die erste kodierte Aminosäure, der spätere N-Terminus des gesamten Proteins, darf nichts auf ihre Hubbel, die Aminogruppe, gesetzt bekommen. Deshalb wird sie samt der unter ihr wachsenden Aminosäurekette immer von oben auf die nächste Aminosäure draufgesetzt, so kann man es sich auch merken. Außerdem müsste sonst auch für jede neue Aminosäure jemand aus dem Ribosom rauskrabbeln und das Ende der Kette einfangen, um dort etwas zu verlängern – da ist es doch einfacher, am Fuß zu verlängern, der immer im Ribosom steckt, egal wie lang die wachsende Peptidkette draußen schon ist."

„Ok Maja, das ist ja schön und gut, aber wie schafft es das Ribosom, die Basentripletts in die richtigen Aminosäuren zu übersetzen? Es kann schließlich weder gucken noch denken, es muss doch irgendeinen molekularen Mechanismus geben?“, will Thomas wissen.

„Auch das ist – wie die Sache mit der Richtung – vom Prinzip her wieder ganz ähnlich wie bei den Nukleinsäuren. Die Natur scheint tatsächlich Gefallen an gut funktionierenden Dingen zu haben und lässt sich selten etwas ganz Neues einfallen.“

„Aminosäuren können doch aber keine Wasserstoffbrücken mit Basentripletts bilden, oder habe ich da in der Schule was verpasst?!“

„Nein, das können sie nicht. Aber was machst Du, wenn Du feststellst, dass Dein zu einer deutschen Steckdose komplementärer Stromstecker nicht in eine englische Steckdose passt?“

„Ich setze einen Adapter dazwischen.“

Transfer-RNA (tRNA)

„So einfach ist das! Der Triplett-Aminosäure-Adapter heißt tRNA. tRNAs sind besondere RNAs, die aber letztlich genauso von einer RNA-Polymerase anhand einer DNA-Vorlage im Genom synthetisiert werden wie mRNAs[4]. Sie legen sich in eine ganz typische Struktur, die entfernt an ein Kleeblatt erinnert. Auf der einen Seite dieser Struktur befinden sich drei Nukleotide, die das *Anti-Codon* bilden. Genau diese Basen können im Ribosom Wasserstoffbrückenbindungen mit den Tripletts der mRNA ausbilden, zu denen das Anti-Codon komplementär ist. Auf der anderen Seite dieses ‚tRNA-Adapters‘ ist eine Aminosäure gebunden, auf die dann die wachsende Aminosäurekette übertragen werden kann. Der Clou ist, dass es Enzyme gibt, die die vielen unterschiedlichen tRNAs ganz gezielt mit den Aminosäuren beladen, die zu dem jeweiligen Anti-Codon passen. Die Übersetzungsarbeit wird also letztlich von diesen vielen Enzymen geleistet, bevor das Ribosom dann einfach nur ausprobiert, welche der herumschwimmenden tRNAs auf das jeweils nächste Triplett passt.“

„Wenn die leere tRNA vom Ribosom wieder freigegeben wird, kann sie erneut mit einer Aminosäure beladen werden, da-

[4] Wieder deutet Maja hier bestenfalls an, dass es in menschlichen, eukaryontischen Zellen mehrere RNA-Polymerasen gibt, auf die verschiedene Aufgaben aufgeteilt sind. Die tRNA-Synthese obliegt der RNA-Polymerase III, während mRNAs von RNA-Polymerase II transkribiert werden.

durch ist der ganze Vorgang ziemlich effizient“, ergänzt Sebastian.

„Beladen ist ein super Stichwort – wer möchte noch ein Stück Lasagne auf seinen Teller haben?“, fragt Piet, und alle Ribosomen und Aminosäuren sind aus der Unterhaltung so schnell verschwunden, wie sie gekommen waren. „Zum Glück besteht Studieren nicht nur aus Lernen“, denkt Piet, als sie ein paar Stunden und viele mehr oder weniger philosophische Themen später das Geschirr abwaschen, „und es wäre schlimm, wenn Studiengänge irgendwann einmal so konzipiert wären.“

Proteinstruktur

oder: Mit Origami durch Höhen und Tiefen

gesucht:
Eine Möglichkeit, lineare Aminosäureketten verlässlich in eine dreidimensionale Proteinform zu bringen.

gefunden:
- *spontane Anordnung durch (intra-)molekulare Wechselwirkungen (Proteinfaltung)*
- *Chaperone zur Unterstützung der korrekten Faltung*

„Na endlich“, freut sich Piet, der schon seit geraumer Zeit immer wieder dem Wohnheimflur vor Majas Tür einen Besuch abstattet, an der hartnäckig ein Schild mit der Aufschrift „Bin beschäftigt – Bitte nicht stören!“ hängt. Jetzt kann er es nicht mehr entdecken, und ihm scheint, es hätte dort Stunden gehangen, als er schließlich klopft und Majas gut gelaunt klingendem „Ja?!“ in ihr Zimmer folgt.

„Was hast Du denn so lange getrieben?“

„Ich habe mit einer Freundin telefoniert.“

„Ah, das erklärt einiges – worüber spricht frau denn so lange?“, fragt Piet, ohne mit einer erhellenden Antwort zu rechnen.

„Das geht mann gar nichts an“, kommt es prompt von Maja (Piet klopft sich im Geiste für seine hellseherischen Fähigkeiten auf die Schulter), „und außerdem versteht mann das sowieso nicht.“

„Bist Du nicht eigentlich eine eifrige Studentin, angehende Forscherin, ständig damit beschäftigt, die Natur zu verstehen? Stundenlange Telefonate bringen Dich da sicher nicht weiter, oder?“, feixt Piet, seine Chance für eine Retourkutsche witternd.

„Wusstest Du nicht, dass ein Telefon ein hervorragendes Modell aus dem alltäglichen Leben ist, um zu verstehen, wie Proteinfaltung funktioniert?“ Maja ist in der Tat nicht dafür bekannt, je um eine Antwort verlegen zu sein.

„Nein, das wusste ich nicht, und das kann ich mir auch nur schwer vorstellen – was natürlich daran liegen mag, dass ich ein Mann bin.“ Piet verspürt wieder diese leichte Frustration, die ihn in Majas Gegenwart öfter überkommt, aber bei weitem nicht dazu führt, dass er sich in ihrer Gesellschaft unwohl fühlen würde.

Maja scheint Piets Gefühlswelt nicht weiter wahrzunehmen oder ignoriert sie zumindest überzeugend. „Ein Telefon, genauer gesagt das Kabel zwischen Telefon und Hörer, ist ein gutes Bild für die höheren Strukturebenen eines Proteins und die Energieprofile, die bei der Faltung eine Rolle spielen. Da ein Protein erst durch seine räumliche Struktur biologisch aktiv wird, ist das in der Tat ein ganz zentraler Punkt in der Biochemie!"

„Dann konnte ich aber nicht darauf kommen, denn ich habe ein schnurloses Telefon ..."

„... bei der durchschnittlichen Zimmergröße hier ist es egal, ob schnurlos oder nicht – in beiden Fällen kann man von jedem Punkt des Raumes aus telefonieren und mit Kabel ist es kompatibler zu meinem Studentenbudget ..."

„... und ich habe mich durch stundenlange Proteinseminare gequält. Jetzt testen wir mal Dein tolles Modell!"

„Ok, Piet, dann berichte mal von Deinen Seminaren, ich bin ganz Ohr", Maja mimt auf ihrem Stuhl den Psychoanalytiker, während Piet es sich auf ihrem Sessel bequem macht (eine Couch gibt es nicht, die Zimmer sind in der Tat klein).

Primärstruktur

„Es gibt circa 20 Aminosäuren, aus denen Proteine aufgebaut sind", beginnt Piet. „Die Aminosäuren werden über sogenannte Peptidbindungen miteinander verknüpft. Die Peptidbindung ist universell, jede Aminosäure ist dadurch mit jeder anderen kompatibel. Der genetische Code legt fest, in welcher Reihenfolge sie wie die Glieder einer Kette aneinandergehängt werden. Es entsteht also eine lineare Struktur, ein unverzweigter Proteinfaden aus aneinanderhängenden Aminosäuren. Das ist die *Primärstruktur* des Proteins. Hier die prüfungsrelevante Skizze." Piet zeichnet Abbildung 18 in Majas Collegeblock.

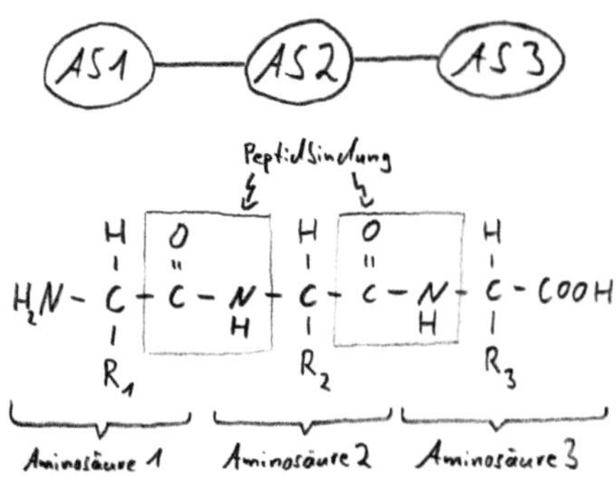

Abbildung 18: Primärstruktur
Die Primärstruktur eines Proteins besteht aus der linearen Aminosäurekette. Sie wird durch die Abfolge der Aminosäuren, die über Peptidketten verknüpft sind, hinreichend beschrieben.

„Ok“, führt Maja Piets Gedanken fort, „diese Aminosäuresequenz beziehungsweise Primärstruktur des Proteins ist die Grundlage für alles Weitere. Ab jetzt kommt keine direkte Strukturinformation mehr aus der Gensequenz. Was jetzt passiert, ist reine Chemie oder Physik – je nachdem, wie man möchte. Wichtig ist, dass es im Grunde ganz einfach ist, zumindest wenn man dem Protein nur zuguckt und keine Vorhersagen treffen will, was wir zum Glück nicht brauchen.“

„Mach's nicht so spannend, Maja, komm zur Sache!“ Eine leichte Unruhe steigt in Piet auf.

„Banause, nur weil Ihr Mediziner immer nervös werdet, wenn mal das Wort ‚Chemie‘ oder ‚Physik‘ Euer Ohr erreicht!“

„Dafür hältst Du mir regelmäßig Vorträge über den Stoffwechsel und über molekulare Medizin, dabei habt Ihr Biochemiker noch nie die Organe, um die es dabei geht, tatsächlich gesehen. Zeig doch mal, wo Deine Milz sitzt!?“

Proteinfaltung

Maja vollführt eine vage Handbewegung vor ihrem Bauch und fährt schnell fort: „Die unterschiedlichen Aminosäuren des Proteinfadens interagieren miteinander über schwache chemische Wechselwirkungen, insbesondere die allseits beliebten Wasserstoffbrückenbindungen und hydrophobe van-der-Waals-Wechselwirkungen. Die wirken wie kleine Magnete, die überall an den Aminosäuren sitzen. Dadurch zieht sich die Aminosäurekette zusammen und erhält durch diese ‚Faltung‘ eine erste räumliche Struktur, das heißt eine äußere, dreidimensionale Form.“

„Klingt gut, Maja, fehlt nur noch das Telefonkabel, aber ich ahne schon was!“

Sekundärstruktur

„Richtig, stell Dir ein langgezogenes Telefonkabel vor, das der Primärstruktur, dem Proteinfaden entspricht. Wenn Du das gestreckte Kabel loslässt, nimmt es automatisch eine Raumstruktur an, nämlich die von klassischen Telefonkabeln bekannte Spirale. Genau das passiert mit dem Proteinfaden auch: Er nimmt von selbst eine bestimmte Raumstruktur an. Die genaue Struktur an einer bestimmten Stelle des Proteins ist abhängig von der Abfolge der Aminosäuren, denn die bestimmt durch die unterschiedlichen Seitenketten, welche Wechselwirkungen in welcher Richtung möglich sind, und diese magnetähnlichen Wechselwirkungen sind es ja, die das Zusammenziehen der Aminosäurekette bewirken.“

„Das ist gut, denn eine Möglichkeit, wie sich der Proteinfaden zusammenziehen kann, ist tatsächlich eine Spirale, die man, wenn sie in einem Protein vorkommt, *α-Helix* nennt.“

„Siehst Du“, freut sich Maja, „die Telefonschnur ist ein tolles Modell.“

„Trotzdem finde ich, dass das ein bisschen plump ist, es gibt schließlich noch viel mehr Formen in Proteinen als α-Helices, und die gesamte Proteinfaltung ist damit auch noch nicht erschlagen.“

„Recht hast Du, aber abgesehen davon, dass jeder Vergleich irgendwo hinkt, ist dieser hier noch lange nicht ausgereizt“, beschwichtigt Maja.

„Ich höre!“

„Wir waren auf der Ebene der *Sekundärstruktur,* und die spiralige α-Helix ist eines der häufigsten Elemente einer Sekundärstruktur. Das zweite häufig anzutreffende Sekundärstrukturelement ist das *β-Faltblatt,* das eine flächige Form hat – wie ein Blatt eben.“

„Eine kleine Zeichnung wäre schön, nur der Vollständigkeit halber“, wirft Piet ein.

„Die Aminosäurekette faltet sich in aufeinander folgende α-Helix- und β-Faltblatt-Strukturen“, Maja zeichnet, so gut sie kann, Abbildung 19. „Die Bereiche dazwischen bilden entweder verbindende Schlaufen und Biegungen, oder die Aminosäuren dort sind gar nicht definiert gefaltet. Das alles zusammen bezeichnet man als Sekundärstruktur.“

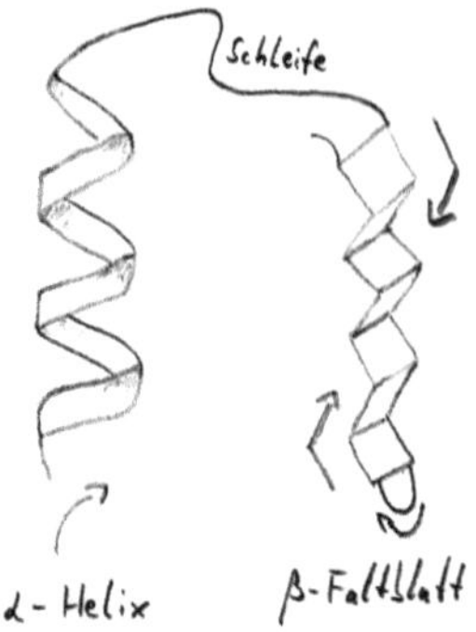

Abbildung 19: Sekundärstruktur
Die Sekundärstruktur eines Proteins kann aus verschiedenen Sekundärstrukturelementen bestehen. Am häufigsten sind α-Helices und β-Faltblätter, die durch Schleifen miteinander verbunden sein können. In der Zeichnung dargestellt ist der Verlauf des Aminosäurerückgrats aus α-C-Atomen und Peptidbindungen, die Seitenketten der Aminosäuren sind nicht eingezeichnet und würden seitlich herausragen. Ein β-Faltblatt besteht aus zwei Strängen, die entweder durch eine Schlaufe antiparallel (wie in der Abbildung) liegen oder durch ein größeres Verbindungsstück parallel orientiert sind.

Tertiärstruktur

„Jetzt kommen wir zur *Tertiärstruktur“,* fährt Maja fort und beginnt, unter Hinweis auf ihr mangelndes 3D-Zeichentalent Abbildung 20 zu zeichnen. „Als Tertiärstruktur bezeichnet man die räumliche Anordnung der Sekundärstrukturelemente zueinander. Beispielsweise könnten sich wie hier in der Abbildung mehrere α-Helices, gestützt durch β-Faltblätter, kreis- beziehungsweise kugelförmig anordnen.“

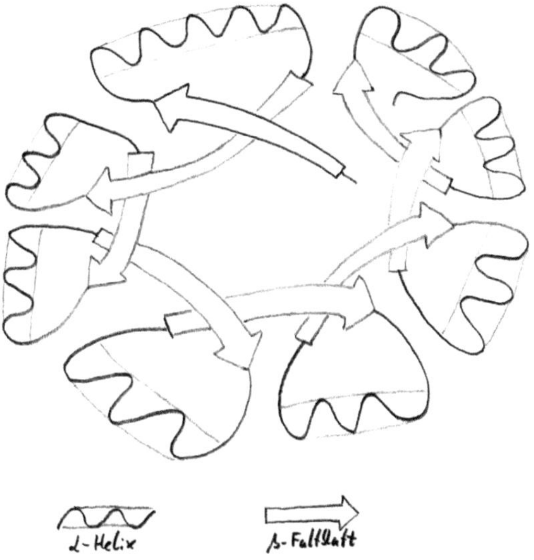

Abbildung 20: Tertiärstruktur
Die Tertiärstruktur eines Proteins ergibt sich aus der räumlichen Anordnung aller Sekundärstrukturelemente einer Aminosäurekette zueinander. Treibende und stabilisierende Kraft sind dabei die gleichen intramolekularen Wechselwirkungen, wie sie bei der Bildung der Sekundärstruktur auftreten. Im Gegensatz zur Sekundärstruktur liegen die für die Tertiärstruktur interagierenden Aminosäuren jedoch in der Primärstruktur oft weit voneinander entfernt (z. B. an den Schnittpunkten der β-Faltblätter in der Abbildung).

„Insgesamt kann man sich vorstellen, dass die Helices und Faltblätter – die Elemente der Sekundärstruktur – einzelne Bauteile einer großen Maschine sind“, ergänzt Piet. „In der richtigen Anordnung – der Tertiärstruktur – sind diese Bauteile in der Lage, eine sinnvolle Aufgabe auszuführen. Die Maschine entspricht dann einem Protein, zum Beispiel einem Enzym, das nur mit den richtigen Bauteilen (Sekundärstruktur) an der richtigen Stelle (Tertiärstruktur) in der Lage ist, ein Zuckermolekül zu spalten oder eine Fettsäure zu synthetisieren.“

„Und weil das alles so wichtig ist, gibt es in einer Zelle spezielle Proteine, die sogenannten *Chaperone,* die neu gebildeten Proteinen dabei helfen, ihre richtige Raumstruktur einzunehmen“, fährt Maja fort.

„Das verstehe ich nicht, Du hast doch selbst gesagt, dass die Raumstruktur durch die Wechselwirkungen zwischen den Aminosäuren des Proteins zustande kommt, und das gilt für die Tertiärstruktur genauso wie für die Sekundärstruktur. Wozu also ein Chaperon, das den molekularen Konstrukteur spielt?“

„Die Sache ist – wie immer – mal wieder ein bisschen komplizierter als es zunächst aussieht, darum jetzt ein kleiner Exkurs, bevor wir wieder bei den Chaperonen landen“, erklärt Maja, bereit, Piets plötzlich aufsteigende Skepsis schnell zu ersticken. „Du kennst sicher den Spruch aus der Chemie: ‚Es passiert immer das, was energetisch am günstigsten ist!‘ …“

„… Jetzt komm Du mir nicht auch mit diesem neunmalklugen Totschlagargument!“, ruft Piet dazwischen, und in seinem Inneren entlädt sich sein gesammelter Frust im Zusammenhang mit seinem früheren Chemielehrer, der nur eines wirklich konnte, nämlich diesen einen Satz.

„Haben wir eine kleine Neurose?“, grinst Maja entspannt zurück. „Keine Angst, die Rettung kommt in Gestalt der Telefonschnur.“

Sie ignoriert, wie Piet die Augen verdreht, greift stattdessen zu ihrem Telefonhörer und zieht die Spirale, die das Kabel daran bildet, in die Länge. „Ist das energetisch günstig?“, fragt sie Piet.

„Das weiß ich doch nicht!“

„Stell Dir vor, es wäre keine kleine Kabelspirale, sondern Dein Expander: Ist es energetisch günstig, das so langgezogen zu halten?“, fragt Maja wieder, immer noch mit weit auseinandergehaltenen Armen.

„Nun gut, das ist auf Dauer ziemlich anstrengend“, kommt es von Piet, „deshalb kann man vielleicht sagen, dass es energetisch eher ungünstig ist.“

„Na also, geht doch.“ Maja ist insgeheim froh, dass sich Piets Stimmung nicht völlig verabschiedet hat – mit so einer heftigen Reaktion hatte sie nicht gerechnet. „Jetzt lasse ich los, und die Spirale nimmt wieder ihre eigentliche Länge an. Gleiches gilt übrigens, wenn man eine Spirale zusammendrückt, das ist auch anstrengend, also energetisch ungünstig, und wenn man loslässt, dehnt sie sich wieder auf die eigentliche Länge aus. Diese eigentliche Länge ist energetisch am günstigsten.“

Energieprofile der Proteinstruktur

Maja zeichnet Abbildung 21 und fährt fort: „Etwas wissenschaftlicher kann man das in einem Diagramm darstellen. Auf der x-Achse ist die Länge der Spirale, auf der y-Achse die Kraft, die benötigt wird, um diese Länge zu erreichen. Nach rechts wird die Spirale auseinandergezogen, die benötigte Energie nimmt zu. Nach links wird die Spirale zusammengedrückt, die benötigte Energie nimmt ebenfalls zu. Dazwischen gibt es einen Punkt, an dem die Energie minimal ist. Genau dort hat die Spirale ihre ‚eigentliche‘ Länge.“

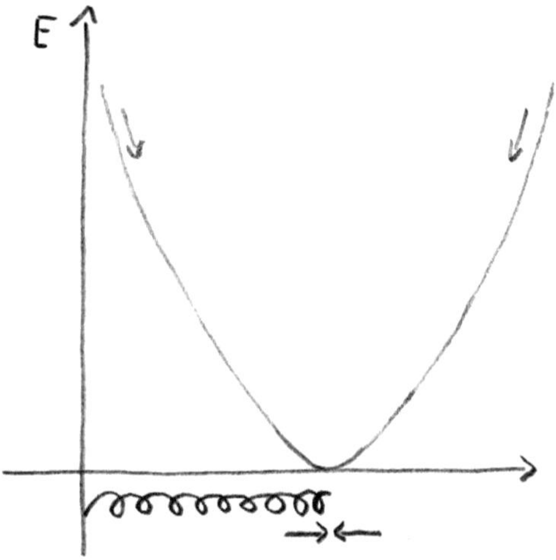

Abbildung 21: Energieprofil mit einem Minimum
Eine Feder nimmt in Ruhe eine Länge an, bei der die in der Feder gespeicherte Energie minimal ist. Lenkt man die Feder in eine beliebige Richtung aus, erhöht sich die Energie. Sobald die Feder losgelassen wird, strebt sie von jeder Position aus wieder dem Zustand niedrigster Energie zu.

„Aha“, Piet meldet sich wieder zu Wort, „von dieser Darstellung kommt also der Spruch mit dem Energietal zwischen den Energiebergen!“

„Genau, und wie im richtigen Leben rollt alles, was man auf einen Berghang legt, hinunter ins Tal. Mit anderen Worten: Jede Spirale, die Du mit einer bestimmten Länge ‚von oben‘ in dieses Diagramm wirfst, wird den Kurvenverlauf hinabrollen. Entsprechend der y-Achse ändert sie dabei ihre Energie und dehnt sich entsprechend der x-Ache aus oder zieht sich zusammen – je nachdem, ob sie auf dem linken oder rechten Hang gestartet ist. Am Ende erreicht sie die Talsohle, wo sie am wenigsten Energie besitzt, und verbleibt dort bei ihrer ‚eigentlichen‘ Länge."

„Das ist nicht schlecht", staunt Piet und reibt sich den Kopf. „Für die Proteinfaltung heißt das, dass sich aus dem allerersten, langgestreckten Proteinfaden α-Helices, β-Faltblätter und so weiter bilden, weil die entsprechenden Abschnitte der Aminosäurekette einfach ihr persönliches Energieprofil hinabrutschen, bis sie im Tal angekommen sind. So bildet sich die Sekundärstruktur, und die physikochemischen Eigenschaften der beteiligten Aminosäuren bestimmen, ob auf der jeweiligen Talsohle eine Helix oder ein Faltblatt entstanden ist."

„Genauso ist es, und das gleiche Prinzip gilt für die Bildung der Tertiärstruktur. Es gibt für die Aminosäurekette eines bestimmten Enzyms irgendwo ein Energietal, in dem alle Bauteile der Sekundärstruktur so angeordnet sind, dass das Enzym plötzlich funktioniert und seine Aufgabe ausführen kann. Das Problem ist, dass die Wege in das Tal nicht immer so einfach sind wie in Abbildung 21."

„Ich hab's geahnt – und jetzt kommt wieder die Telefonschnur", Piet blickt übertrieben gequält zur Decke.

„Kennst Du als Handy-Fetischist diese Situation noch? Man telefoniert und spielt dabei mit der Telefonschnur, zieht ein bisschen daran rum, dreht ein wenig, lässt wieder los und plötzlich ist ein Knick drin. Die Spirale ist an einer Stelle irgendwie verdreht und geht von alleine nicht mehr in ihre ursprüngliche Form zurück. Das dürfte überhaupt nicht sein! Der Aufbau der Spirale hat sich nicht geändert, sie müsste immer noch in ihr Energieminimum zurückfallen, in das Tal, in dem sie eine gleichmäßige Spirale ist."

„Oh nein, was für eine Katastrophe!" Piet rauft sich die Haare, verdreht die Augen und lässt keinen Zweifel daran, dass er erwägen würde, von einer Brücke zu springen, wenn gerade eine in der Nähe wäre.

Maja wirft Piet einen strafenden Blick zu, der ihn sofort wieder normal werden lässt, und hält ihm Abbildung 22 unter die Nase, die sie nebenbei gezeichnet hat.

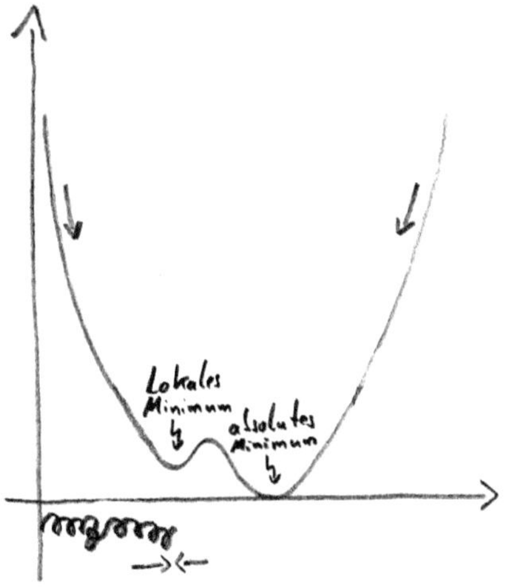

Abbildung 22: Energieprofil mit lokalem und absolutem Minimum
Durch sterische Hinderungen können lokale Minima auftreten, deren Energieniveau über dem absoluten Minimum liegt. Lokale Minima können stabil sein, wenn ein ausreichend hoher ‚Energieberg' das Erreichen des absoluten Minimums verhindert.

„Eine komplexe Berglandschaft besteht aus mehr als einem Tal, und ein Berghang ist nicht immer glatt. Eine Spirale auf einem der vielen Gipfel kann sich leicht verlaufen und in einem Tal landen, das tatsächlich nicht das tiefste ist, nach dem die Spirale eigentlich gesucht hat, oder die Spirale kann in ein Nebental geraten, wie in Abbildung 22. In so einem Nebental, oder *lokalem Minimum* auf schlau, befindet sich das Telefonkabel mit dem Knick. Durch meine Spielerei habe ich es vom geraden Weg in das richtige Tal abgebracht und in einen Zustand gestoßen, der energetisch auch schon ganz gut, aber eben noch nicht optimal ist."

„Immer dieser Perfektionismus …"

„Um aus diesem Nebental herauszukommen, benötigt die Spirale zusätzliche Energie, damit sie über den kleinen Zwischengipfel kommt. Diese Energie entspricht genau dem Aufwand, den ich mit der Telefonschnur treiben muss, um sie wieder so hinzudrehen, dass der Knick sich löst und sie den Rest des Weges von alleine in das Spiraltal rutscht. Zum Beispiel, indem ich die Schnur einmal ganz kräftig langziehe, dann rutscht sie vom rechten Hang ohne Probleme in die optimale Länge ohne Knick."

„Ok, die Telefonschnur ist toll – auch wenn sie nicht immer den richtigen Weg findet!“

„Und deshalb – womit wir wieder beim eigentlichen Thema wären – gibt es Chaperone, denn die fungieren als ‚Pfadfinder‘, indem sie die einzelnen Faltungsschritte unterstützen und koordinieren. Bei Bedarf übernehmen sie auch die Fummelarbeit des Entwirrens falsch gefalteter Proteine. Erst wenn das nach mehreren Versuchen nicht klappt, wird das widerspenstige Proteinmolekül von der Zelle abgebaut.“

„Und was bekommen die Chaperone für ihre anstrengende Fummelarbeit?“

„Energie. Einige der Chaperone benötigen Energie, um so einen verdrehten Proteinfaden zu entwirren, und die bekommen sie, wie in jeder guten Zelle üblich, aus ATP. Der Energiebedarf ist auch leicht vorstellbar, denn um ein Protein, das in ein falsches Nebental gerollt ist, über den nächsten Huckel zu heben und so wieder auf den richtigen Weg ins richtige Tal zu bringen, muss ein Chaperon sich schon ein bisschen anstrengen.“

Quartärstruktur

Es entsteht eine kleine Pause, Piet und Maja sinnieren über das eben Gesagte vor sich hin. „Ach“, ruft Piet plötzlich, „wir haben die *Quartärstruktur* vergessen, aber das ist ja schnell gesagt: Die Quartärstruktur ist die räumliche Anordnung mehrerer Proteine untereinander …“

„… und funktioniert genauso über molekulare Wechselwirkungen der Aminosäuren, wie die Tertiärstruktur, nur dass jetzt verschiedene Proteine miteinander interagieren und nicht mehr nur ein einziges mit sich selbst. Also exakt so, wie Du das hier in Abbildung 23 wunderbar gezeichnet hast“, ergänzt Maja.

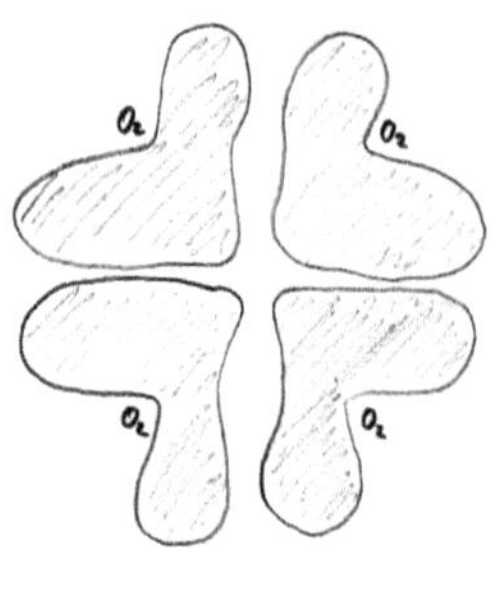

Abbildung 23: Quartärstruktur
Einige Proteine bilden Quartärstrukturen aus, indem sich mehrere Proteine über intermolekulare Wechselwirkungen zu einem Multimer zusammenlagern. Beim gezeigten Beispiel des Hämoglobins sind es vier sauerstoffbindende Untereinheiten.

„Das soll im Übrigen Hämoglobin sein, das aus vier einzelnen Proteinketten besteht und ein Paradebeispiel für die Quartärstruktur ist. Wir sollten das alles irgendwann mal ordentlich aufschreiben und …“ setzt Piet an, wird aber von einem durchdringenden ‚Düdelü-düdelü-düüt!‘ unterbrochen – Majas Telefon. Sie hebt ab, und wie sich schnell herausstellt, ist es wieder Majas Freundin, die offenbar noch etwas Wichtiges zu berichten hat. Maja wirft einen entschuldigenden Blick in Piets Richtung, der daraufhin leise den Rückzug aus Majas Zimmer antritt. „Manche Proteine haben gar keine Quartärstruktur, sie brauchen keinen festen Partner, um zu funktionieren“, denkt Piet und fragt sich, warum ihm das gerade jetzt in den Kopf gekommen ist.

Proteintransport und posttranslationale Modifikation

oder: Irgendwann ist (man) fertig

gesucht:
Ein System zur richtigen intrazellulären Verteilung der Proteine und zur Veränderung ihrer Aktivität.

gefunden:
- *Signalsequenzen als Sortiersignal*
- *chemische Modifikation bereits synthetisierter Proteine*

„„Machen Sie es anschaulich!"" seufzt Piet in Erinnerung an die Aufforderung seines Dozenten nach der Referatevergabe. Piet hat das Thema „Proteintransport und Proteinmodifikation" zugelost bekommen und blättert unschlüssig durch die Stichwörter, die sein Biochemiebuch dazu bereithält: *Glykosylierung, Signalsequenz, rER* und viele andere. Sie sind zwar mit bunten Bildern illustriert, aber eine Idee zum Grundprinzip bekommt Piet davon nicht.

Piet nutzt die Zeit des Startens seines Computers dazu, einige Schokokekse zu verdrücken. Wenig später findet er einen interessanten Eintrag unter einer Vielzahl von Treffern in einer Suchmaschine. Dem Text ist zu entnehmen, dass der deutschstämmige Biochemiker Günter Blobel den Wiederaufbau der Dresdner Frauenkirche mit einem Großteil des Geldes unterstützt hat, das er 1999 zusammen mit dem Nobelpreis für Medizin erhalten hat. Den Nobelpreis bekam er, weil er in den 1970er Jahren nachweisen konnte, dass Proteine innerhalb der Zelle mit einer Art Postleitzahlensystem verschickt werden.

„Postleitzahlen", freut Piet sich, „das ist doch vielleicht ein schöner Aufhänger." Mit den Informationen aus seinem Biochemiebuch entwirft er ein paar Folien für sein Referat. Sie zeigen, dass die Ziffern der Postleitzahlen bestimmten Aminosäuren eines translatierten Proteins entsprechen. *Kernlokalisationssequenzen,* die dem Transport eines Proteins in den Zellkern dienen, befinden sich innerhalb der Peptidkette. Sie werden von bestimmten Proteinen wie von einem Scanner erkannt, die das neue Protein dann aktiv in den Zellkern transportieren. **Signalsequenzen**

Proteinexport

Besonders anschaulich ist das Postleitzahlenprinzip bei Proteinen, die ins *Endoplasmatische Retikulum* gebracht werden sollen. Ein Großteil von ihnen soll später von der Zelle nach außen abgegeben werden oder als Membranrezeptor in der Plasmamembran verankert werden. Deshalb verlassen solche Proteine das Zytosol über die Doppelmembran des Endoplasmatischen Retikulums, um anschließend aus dessen Lumen über den Golgi-Apparat in die Umgebung abgegeben zu werden. An dieser Stelle beginnt Piet, Abbildung 24 zu zeichnen.

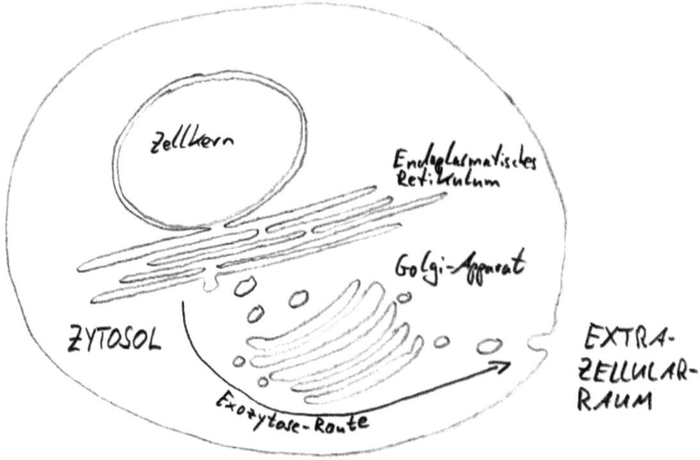

Abbildung 24: Proteinexport
Proteine, die die Zelle verlassen sollen, müssen zu irgendeinem Zeitpunkt eine Membran überqueren, die das Zytosol vom Extrazellularraum trennt. Der Übertritt über die Membran des Endoplasmatischen Retikulums in dessen Lumen bedeutet deshalb topologisch bereits das Verlassen der Zelle, denn das Lumen des ER entspricht ebenso wie das Lumen des Golgi-Apparates bereits dem Extrazellularraum (es bildet mit diesem nur kein Kontinuum – der Inhalt dieser Kompartimente ist deshalb „in der Zelle gefangener" Extrazellularraum, ähnlich wie der Inhalt unseres Verdauungssystems zur „Außenwelt" gehört und nicht zu unserem Körperinneren). Der Inhalt des ER wandert über abgeschnürte Vesikel durch den Golgi-Apparat, um letztlich nach außen abgegeben zu werden, wenn die Membran eines Exozytose-Vesikels mit der Plasmamembran verschmilzt.

Da Proteine Membranen nicht einfach so durchqueren können, werden die meisten von ihnen während der Synthese durch ein kleines Loch in der ER-Membran hindurchgefädelt. Die Postleitzahl, also die Signalsequenz aus Aminosäuren, befindet sich bei diesen sekretorischen Proteinen N-terminal, d. h., die Signalsequenz wird als allererstes synthetisiert. Sobald sie das Ribosom verlassen hat, wird sie von einem *signal recognition particle (SRP)* erkannt und gebunden. Dies führt zu einem Stopp der weiteren Synthese. Währenddessen bindet das Ribosom an das raue Endoplasmatische Retikulum. Dort wird die unfertige Peptidkette durch eine Membranpore in das Innere des Endoplasmatischen Retikulums eingeführt. Anschließend wird die gestoppte Synthese fortgesetzt, so dass das zu sekretierende Protein in das Endoplasmatische Retikulum hinein synthetisiert wird. Die nicht mehr benötigte Signalsequenz wird dort von einer Signalpeptidase abgespalten.

„Das müssten meine Zuhörer morgen eigentlich verstehen", denkt sich Piet. Sicherheitshalber zeichnet er trotzdem noch Abbildung 25.

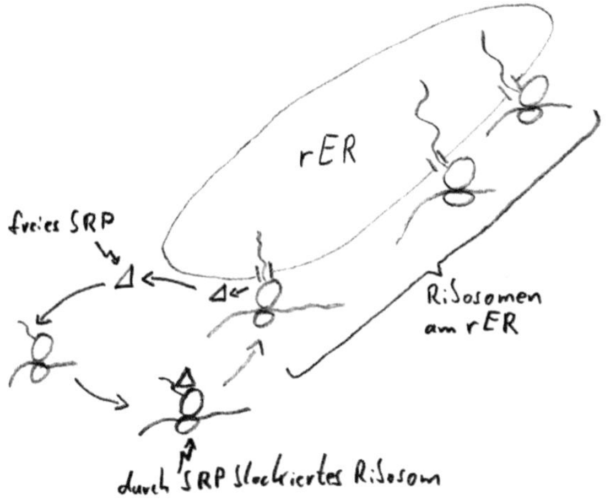

Abbildung 25: Synthese sekretorischer Proteine
Der N-Terminus sekretorischer Proteine beginnt mit einer Signalsequenz, die von SRP erkannt wird. Die Synthese wird daraufhin gestoppt, bis sie an einer Pore des rER so fortgesetzt wird, dass das Protein ins Lumen des ER synthetisiert wird. Dadurch kann das Protein die Zelle später verlassen (vgl. Abbildung 24, S. 68). Der raue Oberflächeneindruck des rER kommt durch die aufsitzenden Ribosomen zustande. (rER: raues Endoplasmatisches Retikulum; SRP: *signal recognition particle*)

Posttranslationale Modifikation

„Jetzt fehlen eigentlich nur noch posttranslationale Modifikationen", freut Piet sich. Das Buchkapitel zu diesem Thema ist relativ lang, aber er entscheidet sich für einen pragmatischen Ansatz.

„Posttranslationale Modifikationen sind alle chemischen Veränderungen an einem Protein, die erst nach der Translation stattfinden, also nach der Synthese der Peptidkette“, wird er morgen seinen Kommilitonen erklären. „Es sind einige Dutzend unterschiedliche Veränderungen bekannt, vom Zufügen funktioneller Gruppen über das Einfügen neuer Bindungen bis zum Abspalten von Molekülteilen oder sonstigen chemischen Veränderungen. Für heute ist es wichtig zu wissen, dass es diesen Vorgang gibt und dass er in den meisten Fällen erforderlich ist, um einem Protein zu seiner vollen Funktionsfähigkeit zu verhelfen. Wie genau das geschieht, wird sich dann zeigen, wenn es später einmal um die jeweiligen Proteine selbst geht.“

Obwohl Piet findet, dass diese Informationen für den Einstieg ausreichen sollten, beschließt er sicherheitshalber, noch ein paar häufige Beispiele vorzubereiten. Dazu stellt er die Tabelle in Abbildung 26 zusammen und geht anschließend ins Bett.

Name	Vorgang	Funktion (Beispiele)
Phosphorylierung	Anhängen einer Phosphatgruppe	Aktivitätsveränderung, Änderung von Bindungseigenschaften
Glykosylierung	Anhängen von Zuckerresten	Änderung von Bindungseigenschaften
Lipidierung	Anhängen von Lipiden (z. B. Farnesyl- oder Palmityl-Reste)	Verankerung in Membranen
Acetylierung	Anhängen von Acetylresten	Reduktion der DNA-Bindung von Histonen
Proteolyse	Spalten der Peptidkette	Aktivierung (von Vorstufen) oder Inaktivierung

Abbildung 26: Beispiele für posttranslationale Modifikationen

Enzymatische Katalyse

oder: Entweder es läuft, oder es läuft nicht

gesucht:
Eine Möglichkeit, chemische Reaktionen kontrolliert zu beschleunigen, um dadurch den Stoffwechsel zu regulieren.

gefunden:
- *kinetisch gehemmte Reaktionen (im Grundzustand ist „alles aus")*
- *Enzyme als regulierbare Katalysatoren*

Sebastian ist Fußballfan, Piet nicht. Am heutigen Samstagmorgen ist das ein Problem, das weiß Piet, denn gestern Abend hat Deutschland bei einem wichtigen Länderspiel gegen die Niederlande verloren. Das ist das Problem für Sebastian. Piets Problem ist, dass er den Großteil der vergangenen Woche krank war und sich nun von einem vermutlich sehr missgestimmten Sebastian in die Geheimnisse der enzymatischen Katalyse einweihen lassen muss, denn Majas Zimmer scheint verlassen zu sein.

Zu Piets Überraschung findet er Sebastian schon am Schreibtisch vor. „Oh, ich dachte Du würdest – wegen gestern Abend, meine ich …", setzt er an, als er in Sebastians Zimmer kommt.

„Sprich's nicht aus!", unterbricht Sebastian ihn mürrisch, „ich versuche gerade, mich abzulenken und das Gesehene in einem Meer aus Formeln zu ertränken."

„Würde es Dir passen, mich in Bezug auf Katalyse aufs richtige Gleis zu setzen? Ich war letzte Woche krank und könnte es brauchen."

„Können wir machen, Thermodynamik ist vielleicht das richtige Thema für heute, da sind schon viele dran verzweifelt."

„Das klingt ja gar nicht gut …"

„Ist es auch nicht, aber Maja hat es mir letztes Jahr erklärt, da hat es auf einmal Sinn gemacht. Aber ich warne Dich, es ist ein bisschen gewöhnungsbedürftig, und Du musst Dich gedanklich darauf einlassen und ein wenig mitmachen!"

„Na gut", mit einem kleinen Seufzer lässt Piet sich fallen.

„Also schön, ich werde an einigen Stellen weiter ausholen, als es für Deine nächste Biochemie-Prüfung nötig sein wird, aber ich hatte damals den Eindruck, dass das Prinzip dann klarer und vor allem auch plötzlich interessant wird."

„Ist gut, Herr Dozent", lacht Piet, „muss ich noch irgendwo eine Einverständniserklärung unterschreiben?"

Spontane Reaktionen

„Was glaubst Du, bedeutet es, wenn ein Chemiker sagt, ein Prozess oder eine chemische Reaktion läuft *spontan* ab?"

„Na zum Beispiel, wenn ich zwei Substanzen zusammengebe, die dann explodieren, dann ist spontan richtig was los."

„Ok. Wie sieht es mit der Verbrennung Deines College-Blocks aus, den Du hier gerade so beiläufig hingelegt hast?"

„Wenn ich mir den so ansehe, würde ich sagen, der verbrennt zum Glück nicht spontan!"

„Sicher? Ich möchte Dich ja nicht beunruhigen, aber er tut genau das!"

„Was?" Piet kontrolliert skeptisch die Umgebung seines Blocks und befürchtet einen Moment lang das Auftauchen eines Feuerzeuges in einem destruktiven Ausbruch von Sebastians verwundeter Fußballerseele, aber nichts dergleichen geschieht.

„Es passiert", fährt Sebastian ruhig fort, „aber zum Glück sehr langsam. Wenn Du diesen Block in ein paar Jahrzehnten kurz vor der Rente beim Aufräumen Deiner Praxis wiederfindest, wird er vergilbt sein. Das ist das Ergebnis einer sehr langsam ablaufenden Oxidation. Wenn sie schneller abliefe, ginge sie mit einer Flamme einher. Lässt man tektonische und ähnliche Kräfte außer Acht, dann sinkt auch das Wohnheim, in dem wir gerade sitzen, beständig auf den Erdmittelpunkt zu. Zum Glück verschiebt sich aber immer nur mal ein Sandkorn, so dass wir dadurch in absehbarer Zeit keine Probleme bekommen werden."

„Noch ein Argument gegen ein Langzeitstudium", wirft Piet ein.

„Also, das Wichtige ist, dass Chemiker mit ‚spontan' etwas anderes meinen, als wir es im üblichen Sprachgebrauch normalerweise tun. Für einen Chemiker, besser gesagt einen Thermodynamiker, spielt die Zeit bei diesen Betrachtungen nämlich keine Rolle. Ein etwas unproblematischerer Ausdruck ist in diesem Zusammenhang vielleicht der Begriff einer ‚freiwilligen Reaktion'. Soweit alles klar?"

„Ja. Ein Leben ohne Uhr muss herrlich sein, wir sollten auf Thermodynamik umschulen", grinst Piet.

Zweiter Hauptsatz der Thermodynamik

„Überleg's Dir gut, da käme einiges auf Dich zu! Als Thermodynamiker musst Du Dich zum Beispiel fragen, wovon es abhängt, ob ein Prozess spontan beziehungsweise freiwillig abläuft. Was meinst Du, ist das Kriterium dafür, dass Papier verbrennt, anstatt umgekehrt wie ein Phönix aus Asche zu entstehen? Warum kann man vorhersagen, dass ein Buch nach unten fällt, wenn es Dir aus der Hand rutscht, anstatt nach oben zu fliegen?"

„Hm, keine Ahnung. Bei chemischen Reaktionen würde ich sagen, dass Energie freigesetzt werden muss, wie zum Beispiel bei der Verbrennung, aber für das runterfallende Buch weiß ich es nicht."

„Das mit der Energie denken die meisten. Es ist auch nicht völlig falsch, aber eben auch nicht ganz richtig, weil es nur ein Teil der Antwort ist. Entscheidend ist der sogenannte Zweite Hauptsatz der Thermodynamik. Maja sagt, dass es viele Formulierungen für diesen Hauptsatz gibt, aber folgende sei in diesem Zusammenhang besonders hilfreich: ‚Nach Ablauf eines spontanen Prozesses muss die Unordnung im Universum zugenommen haben.'[5]"

„Aha?!" Piet scheint die in diesem Satz offenbar verborgene Tragweite noch nicht voll erfasst zu haben.

Entropie

„Mit anderen Worten", fährt Sebastian fort, „alles, was passiert, erhöht die Unordnung im Universum. Das Universum kann niemals ordentlicher werden, bestenfalls verändert sich gar nichts, aber dann passiert auch im wahrsten Sinne des Wortes nirgendwo irgendetwas."

„Ok", nimmt Piet den Gedanken auf, „ich bin ja immer für anschauliche Beispiele aus dem Leben zu haben. Mit einem Blick auf das Geschehen in meinem Zimmer kann ich das sofort bestätigen, da bildet sich nämlich in der Tat spontan Unordnung."

„Richtig, ein gutes Beispiel. Es gibt nämlich viel mehr Möglichkeiten für Deine Zettel, Hemden und Chips-Tüten, sich irgendwie in Deinem Zimmer zu verteilen, als es Möglichkeiten gibt, wie sie schön säuberlich aufgereiht irgendwo liegen. Das ist, glaube ich, ungefähr die Art und Weise, wie man in der statistischen Thermodynamik Unordnung, auf schlau *Entropie* genannt, definiert. Beim Kniffeln kommen die fünf Würfel eben meist auch durcheinander aus dem Würfelbecher, also irgend-

[5] Ein Physiker würde Sebastian und Maja an dieser Stelle rügen, denn diese Aussage gilt nur für geschlossene Systeme. An der Antwort auf die Frage, ob das Universum ein geschlossenes System ist oder nicht, arbeiten die Physiker nämlich noch. Für die tägliche Praxis in der Biochemie kann man jedoch annehmen, das Universum sei ein geschlossenes System, selbst wenn sich vielleicht irgendwann herausstellt hat, dass dem nicht so ist.

welche Zahlenkombinationen statt fein säuberlich fünfmal die gleiche Augenzahl."

„Nun gut. Gegenfrage: Ich bin – auch wenn's mir schwerfällt – in der Lage, mein Zimmer aufzuräumen. Dann ist es doch nachher ordentlicher und das dürfte laut den Thermodynamikern doch gar nicht sein, oder?"

„Guter Einwand, aber jetzt kommt der entscheidende Punkt: Es fällt Dir schwer aufzuräumen, denn Du musst Energie dafür aufwenden. Mal für einen Moment zurück zu dem Buch, das spontan auf den Fußboden fällt. Warum tut es das? Auf dem Fußboden liegt es schließlich genauso ordentlich wie in Deiner Hand! Der Witz ist, wenn es fällt, wandelt sich die Lageenergie des Buches in Bewegungsenergie um, die beim Aufprall auf den Boden als Wärme freigesetzt wird. Wärme bedeutet, dass die erwärmten Moleküle sich schneller, ungeordneter bewegen. Die Unordnung ist also gestiegen. Nicht die Unordnung des Buches, sondern die Unordnung der Umgebung, in diesem Fall des Fußbodens, dessen Wärmeunordnung sich im Laufe der Zeit auf den Rest des Universums verteilt. Energiefreisetzung als Wärme führt also zu einer Erhöhung der Unordnung im Universum."

„Dann ist Energiefreisetzung nur ein Indiz für spontane Prozesse, denn eigentlich liegt all dem die Unordnung aus diesem Thermodynamik-Hauptsatz zugrunde?"

„Du hast es erfasst!"

„Aber das macht alles ja noch viel komplizierter", Piet klingt etwas mutlos, „ich muss mich nicht nur um Energie kümmern, sondern auch noch um Unordnung, Energie, die zu Unordnung wird, und das ganze auch noch im gesamten Universum!"

Freie Enthalpie

„Das ist wohl so, aber Du kannst Dich bei Herrn Gibbs bedanken, der im vorletzten Jahrhundert die ‚Freie Enthalpie' oder ‚Gibbs-Energie' eingeführt hat, die mit G abgekürzt wird."

„Die kenne ich", freut Piet sich, „das ist immer die Beschriftung der y-Achse an den Energiediagrammen, die wir in letzter Zeit an der Uni durchkauen. Was ist daran so toll?"

„Der Clou ist, dass die Gibbs-Energie den energetischen Aspekt einer chemischen Reaktion mit der Unordnung verknüpft, so dass man es nur noch mit einer Größe zu tun hat. Dabei interessieren nicht die absoluten Werte, sondern nur die Änderungen, also ΔG. Die Änderung der Gibbs-Energie ΔG ist gleich der Änderung der Enthalpie ΔH, das ist die Änderung der Energieinhalte der Reaktionsteilnehmer, minus die absolute

Temperatur T mal der Entropie-Änderung ΔS. Insgesamt also $\Delta G = \Delta H - T\Delta S$."

„Mal angenommen, ich könnte mir das nicht merken, was sagt mir die Gleichung?"

„Ganz einfach: Wenn man ΔG ausrechnet und etwas Negatives dabei herauskommt, läuft die Reaktion spontan ab, sie ist *exergon*. Kommt etwas Positives dabei heraus, läuft die Reaktion nicht spontan ab, sie ist *endergon*."

„Das kann ich mir merken!", grinst Piet.

„Bei genauerer Betrachtung der Gleichung fällt einem auf, dass man vier Typen einer chemischen Reaktion unterscheiden kann", setzt Sebastian zu seinem letzten Punkt in dieser Sache an, während er beginnt, Abbildung 27 in Piets Block zu schreiben. „Typ 1 ist zum Beispiel das Verbrennen eines Stück Holzes und ganz simpel. Die Endprodukte haben weniger Energie als die Ausgangssubstanzen, ΔH ist also negativ, und die Unordnung von gasförmigem CO_2 und H_2O ist höher als die der organischen Verbindungen im festen, gut geordneten Holz. ΔS ist also positiv, die absolute Temperatur ist immer positiv, das heißt, man zieht von etwas Negativem etwas Positives ab. Das Ergebnis ist also noch negativer, mit anderen Worten, so eine Reaktion läuft immer spontan ab. Typ 2 ist die Knallgasreaktion. Wasserstoff und Sauerstoff vereinigen sich zu Wasser. Energie wird frei, ΔH ist wieder negativ, aber die Zahl der Moleküle verringert sich, die Reaktionskomponenten werden also übersichtlicher, das heißt ordentlicher. Folglich nimmt die Unordnung ab, ΔS ist jetzt negativ. ΔG ist also nur noch dann negativ, wenn die freigesetzte Energie im restlichen Universum soviel Unordnung produziert, dass dadurch der Ordnungsgewinn in den Reaktionsteilnehmern überkompensiert wird. Das ist bei dem kräftigen Rumms und der Stichflamme, die die Knallgasreaktion produziert, der Fall."

„Das ist ja schräg, das heißt, um in meinem Zimmer Ordnung schaffen zu können, muss ich eine Unordnungsabgabe in Form von freigesetzter Energie ans Universum zahlen, indem ich beim Aufräumen schwitze?"

„Genau so! Ist wie beim Kyoto-Protokoll, nur mit anderem Vorzeichen – wenn Du irgendwo die Umwelt verpestest, musst Du eine CO_2-Abgabe zahlen, damit irgendwo auf der Welt neue Bäume gepflanzt werden. Gleichzeitig ist das der Kern der Stoffwechselbiochemie, denn eine Zelle muss ständig diese Energieabgabe zahlen, um ihre innere Ordnung ausbauen zu können."

	ΔG =	ΔH	$-T \cdot \Delta S$	spontan?
Typ 1	<0	<0	>0	immer
Typ 2	?	<0	<0	$T\Delta S > \Delta H$ bzw. $\lvert T\Delta S\rvert < \lvert\Delta H\rvert$
Typ 3	?	>0	>0	$T\Delta S > \Delta H$
Typ 4	>0	>0	<0	nie

Abbildung 27: Die Gibbs-Energie und spontane Reaktionen
Eine Reaktion läuft nur dann „freiwillig" oder „spontan" ab, wenn die Änderung der Gibbs-Energie ΔG negativ ist. Aus den möglichen Vorzeichen der Enthalpieänderung ΔH und der Entropieänderung ΔS ergeben sich die vier dargestellten Kombinationsmöglichkeiten. Die letzte Spalte gibt an, wann jeder Reaktionstyp spontan abläuft. Bei den Typen 2 und 3 hängt dies vom Verhältnis von ΔH zu ΔS ab. Erst nach Betrachtung der zugehörigen Ungleichung lässt sich bei ihnen das Vorzeichen von ΔG bestimmen.

„Warum habe ich eigentlich immer das Gefühl, dass alles, was wir Menschen uns ausdenken, in der Natur schon lange existiert? Egal, Typ 3 ist dann vermutlich eine Reaktion, die Energie aufnimmt und das durch eine Spur des Chaos im restlichen Universum gegenfinanziert?"

„Wieder richtig. Sowas gibt es bei manchen Salzen, die sich unter Kälteentwicklung in Wasser lösen. Kann man in der Apotheke als Kompresse kaufen, die aus zwei Hälften besteht, eine mit Wasser, die andere mit dem Salz. Wenn man durch Biegen die Trennwand durchbricht, mischt sich beides und wird kalt. Durch die Auflösung der extrem ordentlichen Salzkristalle entsteht ausreichend Unordnung, um das positive ΔH zu kompensieren. Typ 4 wäre dann eine Reaktion, bei der zum Beispiel ein Salz unter Abkühlung kristallisiert. ΔG kann dann nur noch positiv sein, das heißt, so etwas gibt es nicht."

Kinetische Hemmung

„Sehr schön", resümiert Piet, „jetzt kann ich mir also überlegen und mit Hilfe dieser Enthalpie- und Entropie-Tabellen aus Büchern vermutlich sogar genau ausrechnen, was passieren *könnte*, sprich welche Reaktion spontan abläuft und welche nicht. Bei der Frage, ob mein Block verbrennt, käme also ein eindeutiges ‚Ja' heraus. Allerdings wäre ich bei der nächsten Energiekrise ziemlich aufgeschmissen, wenn ich mich mit dieser Information vor den Block setze und auf ein spontan aufloderndes Feuer hoffe, das mich wärmt. Eine wichtige Zusatzinformation wäre also, ob eine Reaktion mit einer relevanten Geschwindigkeit abläuft."

„Das ist wohl wahr", stimmt Sebastian ihm zu. „Eine Verbrennung, die *kinetisch gehemmt* ist, so nennt man das, bringt Dir nichts, wenn Du frierst. Das Wissen, dass Dein Bücherschrank vom dritten Stock spontan ins Erdgeschoss fallen würde, wenn der Fußboden, auf dem er steht, diese Bewegung nicht unendlich stark verlangsamen würde, hilft Dir nicht, wenn Du Deinen Auszug aus dem Wohnheim in endlicher Zeit über die Bühne bringen willst. Weißt Du, was der physikochemische Grund für eine kinetische Hemmung ist?"

„Ja", antwortet Piet, während er Abbildung 28 zeichnet, „zwischen den Edukten und den Produkten liegt ein Energieberg, der überwunden werden muss, wenn die Reaktion ablaufen soll. Wenn der zu hoch ist, passiert nichts."

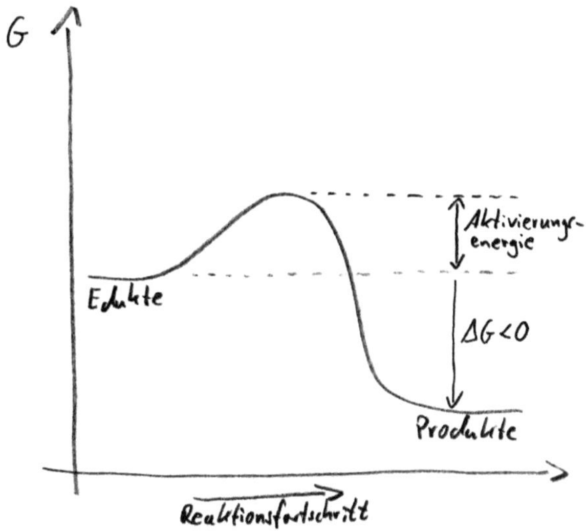

Abbildung 28: Das Energieprofil einer spontanen Reaktion
Die freie Enthalpie der Produkte ist in diesem Fall geringer als die der Edukte, *G* nimmt also im Laufe der Reaktion ab, *ΔG* ist deshalb negativ, die Reaktion verläuft spontan. Durch den Energieberg der Aktivierungsenergie ist die Reaktion jedoch kinetisch gehemmt, so dass es unter Umständen nahezu ewig dauert, bis eine messbare Menge an Produkten entstanden ist.

„Richtig. Was kann man also tun, um Deinen Block schneller **Aktivierungsenergie** verbrennen zu lassen? Man investiert *Aktivierungsenergie,* um die Edukte den Berg hinaufzuschieben, und dann rutschen sie auf der anderen Seite von alleine wieder hinunter und werden zu Produkten. Kurzum, wir müssten Deinen Block erhitzen, zum Beispiel mit der Flamme eines Feuerzeugs. Wenn das Papier anfängt zu brennen, heizt die freigesetzte Energie die Reaktion weiter auf, so dass keine weitere Aktivierungsenergie von außen mehr nötig ist, weil in einer Kettenreaktion der gesamte Block verbrennt."

„Das ist wirklich ganz anschaulich und logisch", Piet blickt noch einmal auf das Energieprofil in Abbildung 28, „bei der Knallgasreaktion ist es dann genauso – man hält ein Feuerzeug an eine Stelle, die Reaktion startet, weil die erhitzten Moleküle so stark zusammenstoßen, dass ihre Bindungen brechen, und die Energie, die bei der Knüpfung der neuen Bindungen freigesetzt wird, löst eine Kettenreaktion aus …"

„Ich hatte gehofft, dass Du das sagst, sonst hätte ich Dich noch ein bisschen mit dem Finger auf dem Graphen entlangfahren und laut sagen lassen, was an der jeweiligen Stelle im Reaktionsverlauf passiert. Die Existenz des Berges kann man sich so erklären, dass erst einmal unter Energieaufwand die alten chemischen Bindungen gebrochen werden müssen, bevor sich die neuen bilden können, wobei dann wieder Energie frei wird. Ein Kartenhaus ist ein gutes Beispiel. Es sollte spontan zusammenfallen, aber bei geschicktem Aufbau bleibt es durch kinetische Hemmung stehen. Du wirfst als Aktivierungsenergie eine Karte in einem oberen Stockwerk um, und die freiwerdende Bewegungsenergie destabilisiert die Karten weiter unten, so dass die gesamte Konstruktion kollabiert und in den Endzustand übergeht, nämlich einen unordentlichen Kartenhaufen."

„Das ist super einleuchtend, aber einen Haken sehe ich noch für die Biochemie", entgegnet Piet. „Ich habe eine Körpertemperatur von 37 °C, und meine Leber kann kein Feuerzeug anmachen, wenn sie zum Beispiel die Fettverbrennung starten will!"

Enzyme

„Das ist wohl wahr, und deshalb hat sich die Natur etwas einfallen lassen, nämlich Enzyme, also Katalysatoren, die eine chemische Reaktion beschleunigen können. Das Prinzip ist so einfach wie genial, ich möchte es aus aktuellem Anlass beschreiben als ‚Die Rache deutscher Fußballfans an den Niederlanden'."

„Da bin ich aber gespannt!"

„Die Niederländer haben ein Problem, denn ein Viertel ihres Landes liegt unterhalb des Meeresspiegels. Die Nordsee würde diese Flächen also spontan überfluten. Damit das nicht passiert, haben die Niederländer einen Deich gebaut, der zu einer kinetischen Hemmung dieses Vorgangs führt, weil das Wasser nicht über den Deich kommt." Sebastian skizziert Abbildung 29A.

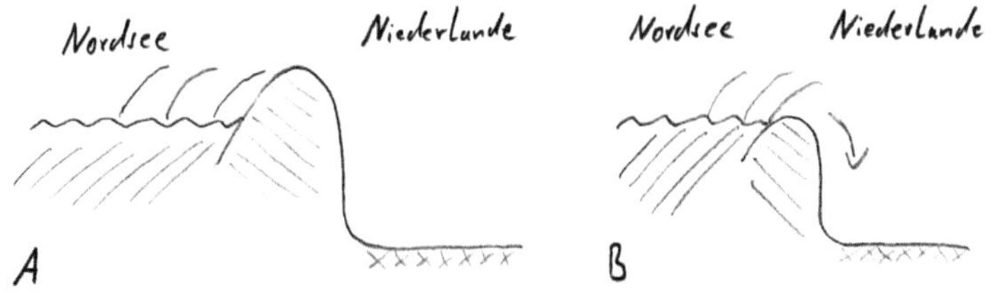

Abbildung 29: Niederländische Deiche
Die niederländische Küste liegt unterhalb des Meeresspiegels, die Nordsee würde das Land also spontan überfluten. Ein Deich, der höher ist als die üblicherweise auftretenden Wellen, verhindert dies (A). Wird der Deich erniedrigt, ist die normale Wasserbewegung ausreichend, um das Wasser über die Deichkrone laufen zu lassen (B). Analog verhält es sich mit der thermischen Bewegung von Reaktions-Edukten. Ist die Temperatur hoch genug oder der Aktivierungsenergieberg niedrig genug, reicht die thermische Bewegung der Teilchen aus, um die Reaktion ablaufen zu lassen (vgl. Abbildung 28, S. 77).

„Jetzt haben die Jungs in den orangen Trikots einen Fehler gemacht", fährt Sebastian fort, „indem sie gestern Abend ein völlig unverdientes Tor geschossen haben. Das führt dazu, dass jeder echte Fußballfan die Niederlande untergehen sehen möchte. Was können wir also tun? Wir könnten das Wasser in Eimern auf den Deich tragen und oben ausgießen, dann würde es auf der Landseite herunterlaufen. Das wäre ziemlich viel Arbeit, wenn es effektiv sein soll. Wir könnten auch die Nordsee aufkochen oder versuchen, durch Pusten soviel Sturm zu erzeugen, dass diese Energie zu hohen Wellen führt, die über die Deichkrone schwappen. Das ist leider auch nicht realistisch umsetzbar. Also machen wir einen Trick und tragen einfach den Deich ab. Er muss gar nicht ganz verschwinden, sondern nur soweit erniedrigt werden, dass die übliche Wellenhöhe – entsprechend der üblichen thermischen Molekülbewegung bei sagen wir 37 °C – ausreicht, um das Wasser darüber fließen zu lassen."

„Als Nicht-Fußballer mag ich die Niederländer ja zu jeder Zeit, aber das Beispiel ist wunderbar", freut sich Piet beim Blick auf Abbildung 29B, die Sebastian während seiner letzten Sätze ergänzt hat. „So macht natürlich auch Sinn, dass im Uni-Skript steht, dass ein Enzym eine Reaktion nur beschleunigt.

Die Lage des Reaktionsgleichgewichts, also das Mengenverhältnis von Produkten zu Edukten im Gleichgewichtszustand, ist deshalb immer dasselbe. Nach Deiner Deichattacke wird der Wasserspiegel über den Niederlanden genauso hoch sein wie der der Nordsee. Lässt man die Verdunstung außer Acht, passiert das aber nach sehr viel längerer Zeit auch mit Deich, weil ab und zu mal ein wenig Gischt über den Deich weht und sich langsam ansammeln würde.“

„Genau richtig, so kann man das sehen. Es ließen sich jetzt noch viele Details argumentieren, was dazu führen würde, dass man das Beispiel ziemlich strapazieren müsste, was durchaus möglich ist …“

„… sagt Maja“, grinst Piet.

„Genau, obwohl die Fußball-Version von mir ist. Maja hat aber auch gesagt, dass man bei Interesse über das Grundverständnis hinaus noch weiter daran rumknobeln kann, man käme dann noch besser in diese spezielle Denkweise hinein. Ich habe mir das für einen ruhigen Moment aufgehoben …“

„Hat Maja noch ein paar weise Worte fallen lassen, wie man sich die Arbeitsweise eines Enzyms genauer vorzustellen hat? Da wird es vermutlich nicht um Schaufeln und einen tatsächlichen Berg gehen …?“

Enzymatische Mechanismen

„Das Entscheidende bei Enzymen ist ihre dreidimensionale Struktur. Damit können sie die Reaktionspartner exakt ausrichten, so dass die zu brechenden alten und neu zu formenden Bindungen in optimale Positionen kommen. Das spart dann Energie gegenüber den ungeordneten Zusammenstößen der Moleküle ohne Enzym, denn bei letzterem kommt eine Reaktion, wenn überhaupt, nur durch rohe Gewalt zustande. Wenn Du einen Haufen Eisenstangen verbiegen willst, kannst Du entweder mit einer großen Baggerschaufel in den Haufen greifen und hoffen, ein paar günstig liegende Stangen zu verbiegen. Wenn Du hingehst und es mit jeder Stange einzeln machst, geht es besser und zusätzlich kannst Du steuern, wo und wie genau die Stangen verbogen werden. Dadurch bekommst Du nicht eine wilde Mischung von Produkten, sondern nur das, was Du brauchst.“

„Das entspräche also einer effizienten Ressourcennutzung, weil unerwünschte Nebenreaktionen vermieden werden, die durch wahllosen Energieeinsatz mit angestoßen würden?“

„Genau. Als beleidigter Fußballfan mit einem großen Tauchsieder würde ich durch das Aufkochen der Nordsee auch Ostfriesland unter Wasser setzen. Mit einer Schaufel hingegen würde ich natürlich nur an den niederländischen Deichen buddeln und nicht an den ostfriesischen."

„Klingt aus deutscher Sicht sinnvoll."

„Wenn Du Dich dann als Eisenstangen-Verbiege-Enzym weiter evolvierst, merkst Du irgendwann, dass es noch leichter geht, wenn Du die Stange unter Ausnutzung der Hebelkraft möglichst weit außen anfasst, die zu biegende Stelle auf eine Kante legst und so weiter. Das alles trägt dazu bei, den Berg der Aktivierungsenergie abzusenken", Sebastian zeichnet nebenbei Abbildung 30. „Es verringert sich also der Energieinhalt des Übergangszustandes, des Enzym-Substrat-Komplexes. Mit anderen Worten, wenn Du die Stange mit Deinen Händen dicht beieinander anfasst und sie dann zu biegen versuchst, läufst Du vor lauter Anstrengung und Energieaufwand puterrot an, aber wenn Du außen anfasst und die Stange über eine Kante biegst, ist alles viel entspannter und weniger energieaufwändig."

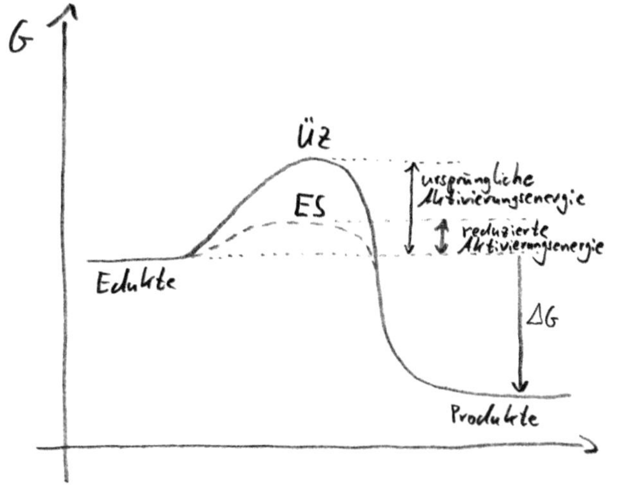

Abbildung 30: Enzymwirkung auf die Aktivierungsenergie
Ein Enzym verringert die zur Aktivierung der Reaktion benötigte Energie. Die Reaktion läuft dadurch schneller ab, die Lage des Gleichgewichts, also das Verhältnis von Produkten zu Edukten, wird jedoch nicht beeinflusst, da ΔG unverändert bleibt. (ÜZ: Übergangszustand ohne Enzym; ES: Enzym-Substrat-Komplex)

Enzymatische Stoffwechselregulation

Etwas später sitzt Piet wieder in seinem Zimmer und vernichtet genüsslich eine Tafel seiner selbst erkorenen Lernverstärkungs-

Schokolade. „Abgefahren“, denkt er, während er das Gespräch mit Sebastian noch einmal in Ruhe anhand der Abbildungen in seinem College-Block nachvollzieht. „Warum treibt die Natur so einen großen Aufwand mit all den Enzymen? Warum hat sich die Evolution nicht Reaktionen herausgesucht, die von vorneherein kaum Aktivierungsenergie benötigen? Dann wären Enzyme doch gar nicht nötig?!“

Die Antwort war ihm dann selbst eingefallen, und er ist ein bisschen stolz darauf, weil er den Eindruck hat, damit einen wichtigen Schritt auf dem Weg zum Kern dieses großen Geheimnisses gemacht zu haben: Das Leben kann nur dann existieren, wenn es in der Lage ist, Stoffwechselflüsse zu regulieren und auf äußere Einflüsse zu reagieren. Würden die Energieberge die Reaktionen nicht stoppen, liefe in jeder Zelle ein unkontrollierbares Chaos ab. Enzyme ermöglichen die Kontrolle über die gewünschten Reaktionen, aber nur, wenn diese nicht schon von alleine ablaufen können. Die Anzahl der Enzyme kann reguliert werden, sie sind an- und abschaltbar, zum Beispiel durch posttranslationale Modifikationen. Dadurch kann die Zelle entscheiden, nach welchem Spielergebnis wie viel Wasser an wie viel Stellen über welchen Deich läuft …

Enzymkinetik

oder: Machen Bälle die Sache rund?

gesucht:
Mechanismen, mit denen Substrate und andere Moleküle die Aktivität von Enzymen beeinflussen können.

gefunden:
- *Geschwindigkeitsverhalten von Enzymen (Michaelis-Menten-Kinetik)*
- *Substratkonzentration (Bedeutung von K_M und V_{max})*
- *kompetitive und nicht-kompetitive Hemmung*

Am späteren Nachmittag kommt Maja über und über mit Taschen beladen durch Piets Zimmertür. „Hi Piet!“ Sie lässt sich in seinen Sessel fallen und schwenkt ein großes Paket durch die Luft: „Ich habe gerade ein tolles Geburtstagsgeschenk für mein Patenkind Benjamin gekauft!“

Piet blickt kurz zur Eingangstür und fragt sich, wie geschickt er dieses Ablenkungsmanöver von dem dort liegenden Berg aus zahlreichen Tüten und Täschchen findet, deren Inhalt, den Aufdrucken nach zu urteilen, in erster Linie Majas Kleiderschrank füllen wird. Er entscheidet sich gegen eine entsprechende Bemerkung und fragt stattdessen mit leichter Skepsis in der Stimme: „Hatte Benjamin nicht erst letzten Monat Geburtstag?“

„Ja, aber demnach ist in elf Monaten wieder ein Geschenk fällig, und das habe ich jetzt schon!“, entgegnet Maja strahlend.

„Aber in drei Monaten ist Weihnachten, dann bist Du Dein Geschenk schon los und musst innerhalb von nur acht Monaten ein neues suchen“, triumphiert Piet. „Trotzdem finde ich das sehr beneidenswert, ich tue mich immer so furchtbar schwer mit guten Ideen und dann auf den letzten Drücker – apropos, was ist es denn, ein oranger Fußball, aus aktuellem Anlass?“

„Nein, ein Basketballkorb für drinnen …“

„… da werden sich Benjamins Mama und Papa ja freuen …“

„… und zu Weihnachten schenke ich ihm einfach schon einmal einen Basketball zum Üben“, freut sich Maja zufrieden und überlegt, wie sie wohl in den darauffolgenden Jahren das Sporttalent in Benjamin wecken kann.

Piet hat nach Majas letztem Satz das Gesicht verzogen, als wäre plötzlich sein Weisheitszahn explodiert. „Uff, ich muss auch üben, aber nicht wie man Bälle wirft, sondern *Enzym-*

kinetik. Morgen müssen wir im Seminar ein Testat schreiben, und der Dozent hat angekündigt, es würde ganz viel zu *Michaelis-Menten, Lineweaver-Burk* und all dem drankommen, weil wir Studenten das erfahrungsgemäß immer nicht verstünden. Der Blödmann, soll er es uns doch vernünftig erklären, das würde mehr bringen, als immer nur den Anspruch an uns Studenten hochzuschrauben!"

„Und, entsprichst Du seinem Erfahrungswert?"

„Ich fürchte schon – ich habe mir das zwar alles im Buch durchgelesen, alle Formeln und Diagramme angeschaut, aber begriffen habe ich nicht viel, außer dass man eine enzymatische Reaktion offenbar auf verschiedene Weisen hemmen kann, was sich dann auch irgendwie ausrechnen lässt."

Maja blickt sinnierend auf den bunt verpackten Basketballkorb in ihren Händen und erinnert sich lebhaft, wie lange es bei ihr vor ein paar Semestern gedauert hat, bis der Knoten zu diesem Thema geplatzt ist. Basketball, Bewegung, Kinetik, Werfen, Bälle … Ihr Blick wandert wieder zu Piet, der resigniert auf seinem Schreibtischstuhl sitzt: „Kennst Du ein Bällebad?", fragt sie ihn plötzlich.

„Klar, das sind diese großen Kisten, die voll mit Gummibällen sind, in die sich kleine Kinder mit großer Begeisterung hineinwerfen. Die gibt es häufig in großen Geschäften, damit die Kinder sich austoben können, während die Eltern ganz in Ruhe Geld ausgeben …"

„Man könnte es auch unter dem Blickwinkel der Kinderfreundlichkeit sehen, aber jedenfalls meine ich genau diese Bällebäder. Stell Dir vor, Du seist ein Enzym und sitzt im Bällebad …"

„Ich bin ein Enzym und sitze in einem Bällebad?" Piet sieht aus, als würde er wünschen, bereits einen Kurs in klinischer Psychologie belegt zu haben.

Michaelis-Menten-Kinetik

„Nur als Analogie natürlich." Maja fragt sich, warum Männer eine so unflexible sprachliche Auffassungsgabe haben, fährt aber unbeirrt fort: „Die zentrale Frage in der Enzymkinetik ist, wie schnell eine enzymatisch katalysierte Reaktion abläuft, das heißt, wie viel Substrat ein Enzym pro Zeiteinheit in Produkte umsetzt. Nehmen wir nun an, Du wärst ein Enzym und sitzt im Bällebad. Deine Aufgabe als Enzym ist es, Bälle aus dem Bällebad hinauszuwerfen. Je mehr Bälle Du pro Zeiteinheit rauswirfst, desto schneller bist Du. Alles klar?"

„Ja! Ich sitze im Bällebad und werfe jeden Ball raus, der mir in die Quere kommt."

„Ok. Wenn in Deinem Bällebad kein einziger Ball ist, wie schnell bist Du dann im Bälle-Rauswerfen?“

„Äh – gar nicht, ich finde ja gar keinen Ball, den ich rauswerfen kann.“

„Richtig, Deine Rauswerf-Geschwindigkeit ist dann null. Du könntest zwar schneller, aber ohne Bälle heißt es trotzdem: ‚No have, no can do‘, oder so ähnlich …“

Maja greift sich ein Blatt Papier von Piets Schreibtisch und zeichnet ein Koordinatensystem, das sie mit „Anzahl der Bälle im Bällebad“ und „Rauswerf-Geschwindigkeit“ beschriftet. „Null Bälle macht null Geschwindigkeit“, sagt sie und zeichnet Punkt 1 genau im Schnittpunkt der Achsen von Abbildung 31 ein. Nachdem sie sich vergewissert hat, dass Piet verständig nickt, fährt sie fort: „Jetzt gebe ich Dir ein paar Bälle, und was machst Du?“

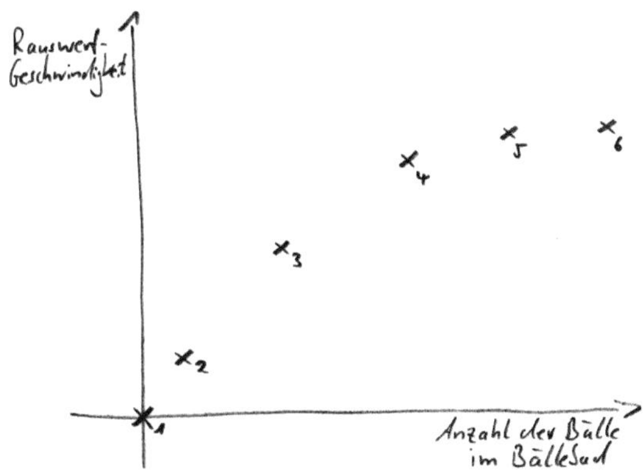

Abbildung 31: Geschwindigkeit einer enzymatischen Reaktion
Ohne Substrat ist die Geschwindigkeit null (Punkt 1). Mit zunehmender Substratkonzentration (x-Achse) nimmt die Geschwindigkeit zu (Punkte 2 bis 4). Die Geschwindigkeit ist jedoch nicht beliebig steigerbar, der Kurvenverlauf mündet in eine Sättigung (Punkte 5 und 6).

„Ich werfe sie raus“, fährt Piet fort, immer noch unschlüssig, worauf Maja hinaus will.

„Genau, Du erreichst damit eine bestimmte Geschwindigkeit.“ Maja zeichnet Punkt 2 in Abbildung 31 ein.

„Jetzt gebe ich Dir noch mehr Bälle“, sagt Maja, „was tust Du?“

„Ich werfe sie immer noch raus.“ Ein hilfloser Blick trifft Maja, die diesen jedoch ignoriert und fortfährt: „Genau, aber dadurch, dass jetzt mehr Bälle im großen Bällebad sind, brauchst

Du nicht mehr so weit zu jedem einzelnen hinzulaufen, bevor Du ihn rauswerfen kannst. Du wirst also effektiver, weil Du weniger Zeit mit dem Aufsammeln der Bälle verbringst, und kannst demzufolge pro Zeiteinheit mehr Bälle hinauswerfen als vorher. Also“, Maja zeichnet Punkt 3 in Abbildung 31 ein, „mehr Bälle im Bällebad macht mehr Geschwindigkeit.“

Piets Miene beginnt, sich aufzuhellen. „Wie viele Bälle kann ich denn noch kriegen?“, will er wissen.

„Soviel Du willst, aber überlege Dir genau, was dann passiert: Wenn die Anzahl der Bälle im Bällebad immer weiter steigt, brauchst Du immer weniger Zeit zum Aufsammeln der Bälle, damit erhöht sich Deine Geschwindigkeit beim Rauswerfen. Das geht jedoch nicht beliebig so weiter, denn irgendwann sitzt Du wie die kleinen Kinder, während Mama und Papa einkaufen, mitten in einem riesigen Haufen von Bällen. Es sind so viele, dass sie Dir automatisch in die Hand fallen. Du benötigst also keine Zeit mehr zum Aufsammeln und hast damit Deine maximale Rauswerf-Geschwindigkeit erreicht. Wenn Du diesen Punkt, an dem Du in den Bällen quasi untergehst, erreicht hast, ist es völlig irrelevant, ob ich noch ein paar mehr dazutue – Deine Geschwindigkeit wird das nicht mehr beeinflussen.“

Piet nickt und blickt auf die Punkte 4 bis 6, die Maja gerade zu Abbildung 31 hinzufügt.

„Bei zunehmender Ballmenge erhöht sich Deine Geschwindigkeit immer langsamer und nähert sich Deiner Maximalgeschwindigkeit an.“ Maja verbindet die Punkte in Abbildung 31, ändert die Achsenbeschriftungen, fügt noch eine Linie hinzu und erhält Abbildung 32.

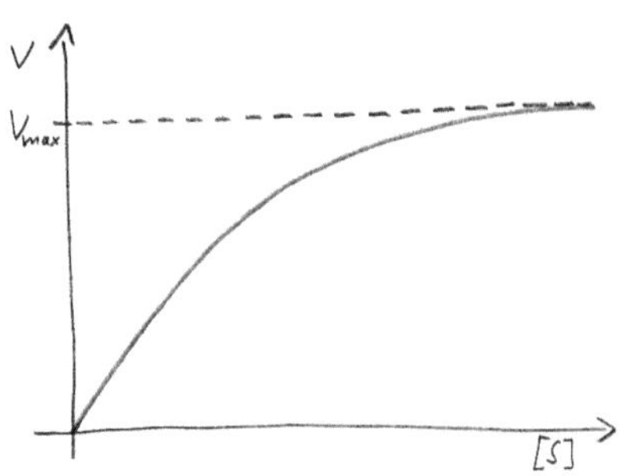

Abbildung 32: Michaelis-Menten-Diagramm mit V_{max}
Die Maximalgeschwindigkeit V_{max} einer enzymatischen Reaktion ist eine enzymspezifische Konstante. Sie kann nur theoretisch, nämlich bei unendlich hoher Substratkonzentration *[S]*, erreicht werden.

„Sowas habe ich auch schon in meinen Büchern gesehen!“, ruft Piet begeistert, ohne damit jedoch Maja von ihrem Konzept abzubringen, die unbeirrt fortfährt: „In der Biochemie bezeichnet man die Reaktionsgeschwindigkeit, mit der Du die Bälle geworfen hast, mit *v*, und die Menge der Bälle im Bällebad entspricht der Substratkonzentration *[S]*. Dabei steht das *S* für ‚Substrat‘, und die eckigen Klammern bedeuten, dass die Konzentration, also die Anzahl der Bälle pro Fläche beziehungsweise Volumen gemeint ist. Die Linie, der sich die Kurve annähert, markiert die Maximalgeschwindigkeit, die man auch V_{max} nennt. V_{max} ist übrigens eine enzymspezifische Konstante, das heißt, sie hat für jedes Enzym einen anderen Wert.“

Maximalgeschwindigkeit

„Was auch logisch ist, denn wenn Du statt mir im randvollen Bällebad gesessen hättest, hättest Du die Bälle vermutlich mit einer anderen Geschwindigkeit hinausgeworfen als ich, weil wir unterschiedlich kräftig, geschickt und so weiter sind.“ Piet wirft Maja einen herausfordernden Blick zu, den diese aber nicht kommentiert, denn nachdem sie sich vergewissert hat, dass Piet „andere Geschwindigkeit“ und nicht etwa „langsamer“ gesagt hat, beschließt sie, die Bemerkung ignorieren zu können.

„Die Kurve in Abbildung 32 nennt man übrigens eine Sättigungskurve“, bringt sie ihre Erklärung zum Abschluss, „und wenn Du zwischen all den Bällen untergehst, dann spricht man im Zusammenhang mit einem Enzym von einer *Substratsättigung*. Obwohl Du viele Bälle hast, kannst Du sie nicht schneller rauswerfen, denn Du bist in der Geschwindigkeit limitiert, mit der Du einen Ball greifst, mit dem Arm ausholst und so weiter. Genauso ist der Abfluss einer fast randvollen Badewanne quasi gesättigt, denn wenn Du noch zehn Liter mehr dazugießt, passt eben trotzdem nicht relevant mehr Wasser pro Zeit durch das Abflussrohr.“

Substratsättigung

„Und das ist jetzt das ganze Geheimnis der Enzymkinetik?“, fragt Piet.

„Es ist zumindest die Grundlage und wird Dir morgen beim Testat hoffentlich schon helfen, aber es geht noch ein bisschen weiter.“

„Das habe ich befürchtet. Was hältst Du davon, wenn wir erst mal eine Substratsättigung herstellen, indem ich Dich zum Essen einlade und Du mir danach den Rest erklärst?“

Nicht-kompetitive Inhibition

Eine Riesenportion Spaghetti später steuern die beiden wieder Richtung Majas Taschenberg. „Puh, ich habe so viel gegessen, ich kann mich kaum noch bewegen“, stöhnt Piet. „Das passt sehr gut zu Deinem nächsten Einsatz im Bällebad“, nimmt Maja das Thema wieder auf. „Wenn Du jetzt wieder so schnell wie möglich Bälle aus dem Bällebad hinauswerfen sollst …“

„… dann schaffe ich das so vollgefuttert nicht mehr“, seufzt Piet und lässt sich in den Sessel fallen.

„Zumindest schaffst Du es nicht mehr so schnell, das heißt, auch bei sehr vielen Bällen im Bällebad erreichst Du Deine eigentliche Maximalgeschwindigkeit nicht mehr.“ Maja erweitert Abbildung 32 um einige Linien zu Abbildung 33 und tippt auf die untere Kurve: „Der neue Kurvenverlauf sieht noch genauso aus wie der alte, aber der Maximalwert ist niedriger und heißt jetzt V_{max}'. Das nennt man in der Enzymkinetik *nicht-kompetitive Hemmung*.“

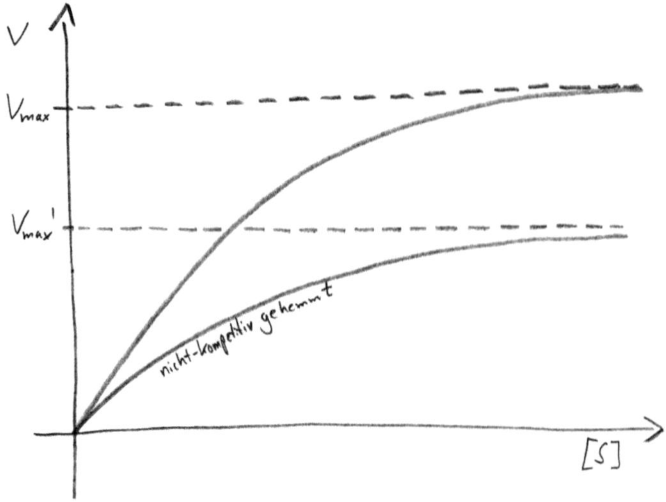

Abbildung 33: Nicht-kompetitive Hemmung
Ein nicht-kompetitiver Inhibitor behindert das Enzym derart, dass V_{max} unabhängig von der Substratkonzentration *[S]* nicht mehr erreicht wird. Die Geschwindigkeit strebt stattdessen gegen eine niedrigere Maximalgeschwindigkeit V_{max}'.

„Ok, wenn also eine Substanz so mit einem Enzym interagiert, dass es sein Substrat nur noch verlangsamt umsetzen kann, dann ist diese Substanz ein nicht-kompetitiver Inhibitor“, resümiert Piet.

„Richtig, das Enzym eiert dann genauso ineffizient durch die Gegend wie Du mit vollem Magen zwischen den Bällen."

„Sehr charmant, aber das behalte ich wenigstens."

„Voller Bauch merkt sich was – wäre das ein gutes Motto für Dich?" Majas herausfordernder Blick aktiviert Piets moralische Selbstverteidigung: „Mein Biochemie-Buch, das im übrigen wesentlich weniger stichelt als Du ...", Piet sieht, wie Majas Fußspitze plötzlich heftig zu wippen beginnt und beschließt augenblicklich, das Thema fallen zu lassen, „... aber andererseits auch eine viel langweiligere Frisur hat ...", das Wippen lässt nach, dafür sieht Piet gegenüber eine Augenbraue nach oben wandern, „also mein Buch sagt jedenfalls, dass es auch noch eine *kompetitive Hemmung* gibt."

„So ein schlaues Buch, das Du da hast", kommt es etwas ironisch von Maja, aber ihre Augenbraue sinkt zu Piets Erleichterung wieder auf Normalniveau. „Ich fürchte, Du musst nochmal ins Bällebad."

„Wenn es denn hilft ..."

Kompetitive Inhibition

„Diesmal gibt es zwei Sorten von Bällen. Die blauen, die Du bislang auch schon immer hinausgeworfen hast, und zusätzlich rote, die den kompetitiven Inhibitor darstellen. Wir nehmen weiterhin an, Du seist farbenblind und kannst die Bälle nicht voneinander unterscheiden. Trotzdem zählen für Deine Geschwindigkeit nur die blauen Bälle, die Du pro Zeiteinheit hinausgeworfen hast, nicht die roten."

„Verstanden."

„Es geht also los: Du bist im Bällebad mit einigen blauen Bällen, und ich werfe ein paar rote dazu. Du wirfst weiter alles raus, was Du kriegen kannst, aber es werden jetzt natürlich auch rote Bälle dabei sein."

„Da aber nur blaue Bälle für meine Geschwindigkeit gezählt werden und ich mit den zusätzlichen roten Zeit vergeude, die ich nicht mehr habe, um blaue rauszuwerfen, sinkt meine Geschwindigkeit. Also weniger blaue Bälle pro Zeit."

„Richtig, und je mehr rote Bälle ich mit ins Bällebad werfe, desto häufiger greifst Du zu einem roten Ball und desto ineffizienter wirst Du im Rauswerfen der blauen Bälle."

„Wunderbar, die roten Bälle sind also ein kompetitiver Inhibitor und je mehr davon da ist, desto langsamer werde ich. Mit immer mehr nicht-kompetitiven Spaghetti im Bauch werde ich aber auch langsamer. Wo ist aber jetzt der Unterschied?"

„Der Unterschied wird klar, wenn Thomas vorbeikommt und Mitleid mit Dir hat. Er könnte dann beginnen, Dir noch mehr blaue Bälle ins Bällebad zu geben“, erklärt Maja. „Dann wird der Anteil der roten Bälle immer geringer, und damit verringert sich die Wahrscheinlichkeit, dass Du einen roten Ball greifst, der für Deine Geschwindigkeit nicht gezählt wird.“

„Tatsache“, staunt Piet, „und wenn es theoretisch unendlich viele blaue Bälle werden, die Substratkonzentration also beliebig steigt, dann erwische ich im Grunde nie mehr einen roten Ball, werfe nur noch blaue Bälle raus und habe wieder meine Maximalgeschwindigkeit erreicht!“

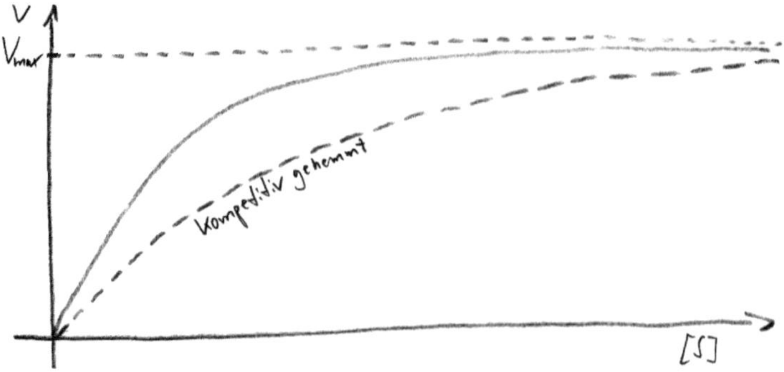

Abbildung 34: Kompetitive Hemmung
Ein kompetitiver Inhibitor bindet im aktiven Zentrum des Enzyms und konkurriert dadurch mit dem eigentlichen Substrat, so dass die Reaktionsgeschwindigkeit sinkt. Durch einen Substratüberschuss wird der kompetitive Inhibitor verdrängt, deshalb kann das ursprüngliche V_{max} bei hohen Substratkonzentrationen nahezu erreicht werden.

„Genau wie man es hier in Abbildung 34 sieht“, Maja zeigt auf die Skizze, die sie gerade gezeichnet hat. „Die gestrichelte Kurve entspricht der Geschwindigkeit bei Anwesenheit eines kompetitiven Inhibitors. Bei hoher Substratkonzentration *[S]* ist praktisch kein Unterschied mehr zur durchgezogenen Kurve ohne Inhibitor zu erkennen.“

„Das ist ja wirklich faszinierend – da ist ein Inhibitor, aber man kann ihn unwirksam machen, nur indem man mehr Substrat dazugibt!“

„Ja, daher auch der Name kompetitiver, gleich konkurrierender, Inhibitor: Inhibitor und Substrat konkurrieren um den Platz im aktiven Zentrum des Enzyms, also um den Ort, an dem das

Substrat in das Produkt umgewandelt wird, das ist in unserem Bild Deine Wurfhand. Wie so oft macht dann die Mehrheit das Rennen und verdrängt die Minderheit – gibt es viel Inhibitor, wird inhibiert, gibt es viel Substrat, wird viel umgesetzt.“ Maja sieht Piet nicken und ergänzt: „Dieses Prinzip der konkurrierenden Substanzen lässt sich in der Medizin ganz konkret anwenden, zum Beispiel im Zusammenhang mit der Alkoholdehydrogenase, die unsere Leber eigentlich benutzt, um nach einer Kneipentour unseren Alkoholspiegel, das heißt Ethanol, wieder abzubauen. Bei Patienten mit einer Methanolvergiftung setzt die Alkoholdehydrogenase Methanol zu einem hochgiftigen Produkt um, nicht selten mit Todesfolge. Wenn man nun eine möglichst hohe Dosis Ethanol gibt, ist das Enzym mit dessen Abbau beschäftigt und kann sich – so wie Du mit den Bällen – nicht um das Methanol kümmern, das in der Zwischenzeit ohne weitere Komplikationen ausgeschieden werden kann.“

„Das bedeutet ja, ich brauche nur ein bisschen billigen Fusel, und schon zahlt mir die Krankenkasse ein paar Flaschen Schnaps …?“

„Denk’ gar nicht erst dran“, unterbricht ihn Maja resolut, „zum einen ist das eine ganz, ganz blöde Idee und zum anderen gibt es mittlerweile einen pharmakologischen Inhibitor, der in solchen Fällen gegeben wird, so dass niemand mehr in den Genuss von intravenösem Alkohol kommt.“

Piet mimt den Enttäuschten, fängt sich aber schnell wieder und sagt: „Ich fasse also nochmal zusammen: Kompetitive Inhibitoren, die roten Bälle, konkurrieren mit dem eigentlichen Substrat um die Arbeitszeit des Enzyms, ändern aber nicht V_{max}, da sie bei hohen Substratkonzentrationen unwirksam werden. Die nicht-kompetitiven Spaghetti hingegen beeinträchtigen direkt die Funktion des Enzyms, das heißt, V_{max} kann nicht mehr erreicht werden, denn auch bei ganz vielen Bällen habe ich immer noch einen vollen Bauch und kann mich nur langsam bewegen.“

Michaelis-Konstante

„Genau so“, bestätigt Maja. „Zusätzlich gibt es noch die Michaelis-Konstante K_M. Sie gibt die Substratkonzentration an, bei der die Hälfte der Maximalgeschwindigkeit erreicht wird. Deshalb ist K_M eine Konzentration, zum Beispiel mit mM als Einheit, und keine halbe Geschwindigkeit oder so etwas – das wird manchmal nicht genau genug erklärt und soll auch schon in Büchern falsch gefunden worden sein …“

„Ja, das ist an der Uni auch erzählt worden und deshalb“, Piet beginnt, Abbildung 35 zu entwerfen, „zeichnet man K_M auf der x-Achse ein. Je kleiner K_M ist, desto schneller wird die Maximalgeschwindigkeit erreicht, je größer K_M ist, desto mehr Substrat braucht das Enzym, um in Fahrt zu kommen. Deshalb ist K_M ein Maß für die *Affinität* eines Enzyms zu seinem Substrat – je kleiner K_M, desto höher die Affinität, desto effizienter findet das Enzym seine Substratmoleküle, um sie schnell umzusetzen.“

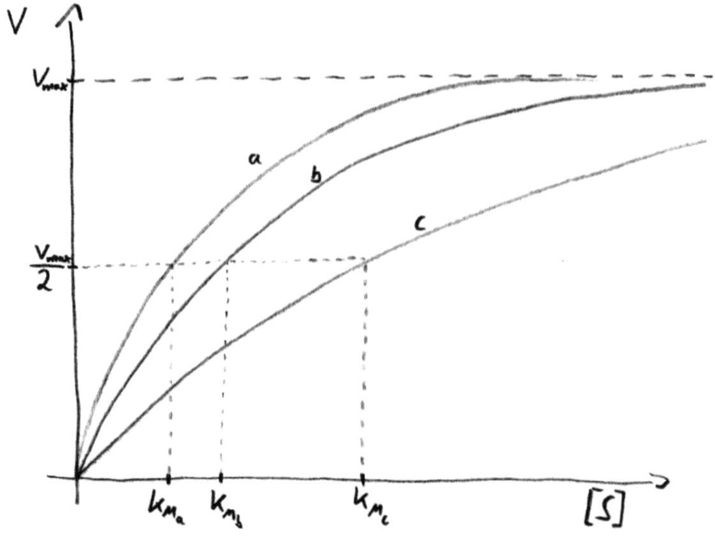

Abbildung 35: Michaelis-Menten-Kinetik
Die Substratkonzentration *[S]*, bei der die halbmaximale Reaktionsgeschwindigkeit V_{max}:2 erreicht wird, ist die Michaelis-Konstante K_M. Angegeben sind Kurven für drei Enzyme a, b und c, die alle die gleiche Maximalgeschwindigkeit V_{max} aufweisen. Enzym a erzielt schon bei geringen Substratkonzentrationen hohe Geschwindigkeiten, K_M ist daher kleiner als bei den anderen Enzymen. Man kann sagen, Enzym a habe die größte Substrataffinität, bindet also das Substrat am effizientesten (dies geht mit einem kleinen K_M einher).

„Und das Schöne ist“, ergänzt Maja, „wenn bei einer nichtkompetitiven Inhibition V_{max} erniedrigt ist, bleibt K_M konstant. K_M erhöht sich jedoch bei einer kompetitiven Inhibition, dafür bleibt da V_{max} konstant, weil man durch einen unendlichen Substratüberschuss die Hemmung aufheben kann, und das ist genau die Bedingung, bei der V_{max} erreicht wird. Ein Wert bleibt also immer gleich, während der andere sich ändert.“

„Na wunderbar“, freut Piet sich, „könntest Du dann noch ein paar weise Worte zum *Lineweaver-Burk*-Diagramm verlieren, dann wäre ich nämlich für morgen ausreichend vorbereitet?“

Lineweaver-Burk-Diagramm

„Da ist nichts Besonderes dabei. Das Diagramm ist lediglich ein pfiffiger Trick aus Zeiten vor dem Einsatz von Computern. Als Biochemiker möchte man von einem Enzym natürlich wissen, wie groß V_{max} und K_M in Zahlenwerten tatsächlich sind. Man kann experimentell Reaktionsgeschwindigkeiten bei verschiedenen Substratkonzentrationen messen und daraus eine Sättigungskurve zeichnen.“ Piet blättert während Majas Erklärung zurück zu Abbildung 32 (Seite 86).

„Das Problem ist“, fährt Maja fort, „V_{max} wird nie erreicht, denn eine unendlich hohe Substratkonzentration kann man nicht einsetzen. Dazu kommt, dass die Natur Enzyme dazu konstruiert hat, mit moderaten Substratkonzentrationen umzugehen, eben den physiologisch vorliegenden. Würde ich Dich im Bällebad unter zehn Metern Bällen begraben, würdest Du in der Praxis – das Michaelis-Menten-Modell ignoriert das – irgendwann sogar wieder langsamer werden, weil Du Dich vor lauter Substrat nicht mehr bewegen kannst. Ähnlich ein Enzym, das Glukose umsetzt: Lange vor dem Erreichen einer unendlich hohen Glukosekonzentration würde das arme Enzym in einem zähen Glukose-Sirup den Geist aufgeben. V_{max} ist also schwierig zu bestimmen, und mit K_M sieht es nicht viel besser aus, denn das kann man zwar leicht an der Kurve ablesen, aber eben erst dann, wenn man weiß, wie groß V_{max} ist.“

„Aber ich könnte V_{max} doch aus der Kurve schätzen, indem ich sie einfach verlängere!“, wirft Piet ein.

„Das kannst Du versuchen, aber traust Du Dir zu, vernünftig abzuschätzen, wann und mit welcher Biegung die Kurve abflacht und auf welchen y-Wert sie dann zuläuft?“

„Na ja, als Frau mit viel Gefühl vielleicht …“

„… und für die Herren der Schöpfung haben Deine Geschlechtsgenossen Lineweaver und Burk die gute Idee gehabt, einfach auf jeder Seite der Michaelis-Menten-Gleichung den Kehrwert zu bilden und die Gleichung dann ein bisschen umzustellen, so dass sich die Form einer Geradengleichung ergibt. Dann hat man, wenn man auf der y-Achse *1:v* und auf der x-Achse *1:[S]* aufträgt, plötzlich zwangsläufig eine Gerade!“ Maja tippt auf die von ihr nebenher fertiggestellte Abbildung 36.

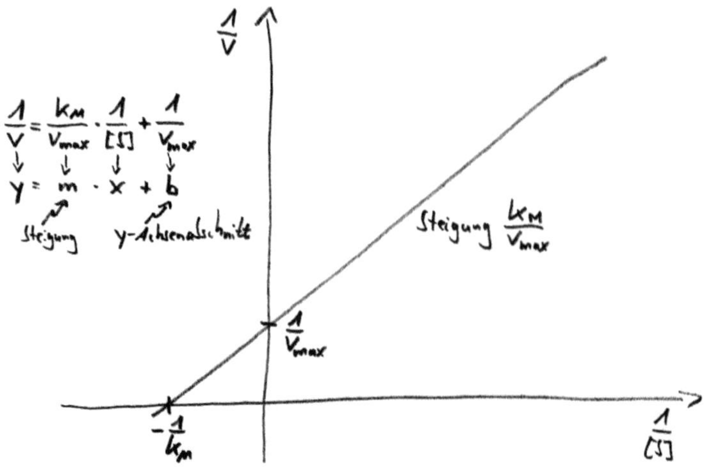

Abbildung 36: Lineweaver-Burk-Diagramm
Der Kehrwert der Michaelis-Menten-Gleichung lässt sich in die Form der links gezeigten Geradengleichung bringen. Durch eine entsprechende Achsenbeschriftung entsteht das Lineweaver-Burk-Diagramm, aus dem sich K_M und V_{max} leicht ermitteln lassen.

„… und eine Gerade kann ich alter Grobmotoriker spätestens mit einem Lineal vernünftig verlängern. Fragt sich nur, wohin?“

„Nach links. Wie man an der Geradengleichung sieht, wird die y-Achse bei $1{:}V_{max}$ geschnitten und die x-Achse bei $-1{:}K_M$. Als kleiner Bonus ist die Steigung der Geraden dann $K_M{:}V_{max}$, aber das braucht man dann eigentlich nicht mehr, um die beiden Größen auszurechnen.“

„Genial, und ich dachte, ohne Computer wären wir verloren.“

„Wenn Du computerbegeistert bist und sehen willst, wie sich die Lineweaver-Burk-Geraden je nach Hemmtyp um die eine oder andere Achse drehen, weil entweder V_{max} oder K_M konstant bleiben, dann wirf doch mal einen Blick ins Internet. Unter www.WissSIM.de kann man die Eigenschaften von Enzymen in einem ganz interessanten Szenario selber in virtuellen Experimenten bestimmen, danach hat man es dann in aller Regel tatsächlich verstanden.“

„Oh ja, das werde ich gleich mal probieren, während Du Deinen Kleiderschrank einräumst.“

„Na dann viel Spaß“, wünscht Maja, während sie ihre Einkäufe durch Piets Zimmertür hinausschiebt.

„Ebenso!“, ruft Piet ihr hinterher, während er seinen Computer einschaltet.

—

Ein halbes Jahr später steht Piet in einem Kreis aus lebensgroßen Steinskulpturen, die in alle Himmelsrichtungen blicken. Piet bewundert die würdevolle Präsenz, in der sie voller Überzeugung ein offenbar tief empfundenes Wissen weitergeben. Gleichzeitig strahlen sie jedoch Ruhe und Nachsicht aus.

Piet blickt über ein Riesenrad und das tief unter ihm liegende Barcelona, in das Sebastian Maja, Thomas und ihn zu einem Besuch während seines Auslandssemesters eingeladen hat. Piets Blick wandert über das Meer zum Horizont. Zur Linken liegt Europa, geradeaus Asien, Afrika zur Rechten und irgendwo hinter ihm Amerika. „Es gibt immer so viele Möglichkeiten", denkt er, „man muss nur manchmal in Ruhe auf einen Berg steigen, um sie alle zu sehen." Ein paar Meter weiter sieht er Maja, Thomas und Sebastian an der Brüstung der Kirche Sagrat Cor stehen. „Wo wir wohl alle einmal landen", fragt er sich, während unter ihm das Riesenrad beginnt, sich weiterzudrehen.

Stichwortverzeichnis